U0155687

汉服时代

现代汉服穿搭

周圆 著

经济日报出版社

图书在版编目（CIP）数据

汉服时代：现代汉服穿搭 / 周圆著. ——北京：经济日报出版社，2022.9

ISBN 978-7-5196-0996-2

Ⅰ. ①汉… Ⅱ. ①周… Ⅲ. ①汉族－民族服装－服饰美学－中国－现代 Ⅳ. ①TS941.742.811

中国版本图书馆CIP数据核字（2021）第278890号

汉服时代：现代汉服穿搭

周圆 著

策划编辑　王浩宇
责任编辑　王浩宇
责任校对　李晟北
责任印制　李如意
封面设计　考奇广告
内页设计　考奇广告
地　　址　北京市西城区白纸坊东街2号A座综合楼710
邮政编码　100054
电　　话　010-63567684（总编室）
　　　　　010-63584556（财经编辑部）
　　　　　010-63567687（企业与企业家史编辑部）
　　　　　010-63567683（经济与管理学术编辑部）
　　　　　010-63538621 63567692（发行部）
网　　址　www.edpbook.com.cn
E - mail　edpbook@126.com
经　　销　全国新华书店
印　　刷　天津图文方嘉印刷有限公司
开　　本　880mm×1230mm　1/32
印　　张　7.5
字　　数　120千字
版　　次　2022年9月第1版
印　　次　2022年9月第1次印刷
书　　号　ISBN 978-7-5196-0996-2
定　　价　78.00元

序一

华夏复兴 衣冠先行

回想起2013年第一届西塘“汉服文化周”，至今竟已迈入第10个年头了。这颗汉服种子所扎下的根既深且远，随着每届西塘汉服文化周参与人数的增长，“穿汉服、游西塘、习礼仪、学国学”俨然已成风潮。这颗种子后来开了花，许多年轻人投入汉服文化周积极展演“汉服之美”时，我都能感受到时下大众对于民族认同的热情，不禁深切盼望这份“汉服美”的民族精神能更积极地延续下去。

几年前我与周同学一起创作《汉服青史》这首歌，便是以千年以前的华夏服饰为题，描绘中华民族汉服美学的独特风采，作为礼仪之邦的文化见证。我们想，“汉服”本身不仅名留青史，也可以朗朗于大众流行旋律里。其中我写下“剪影汉风轮廓”这样的歌词，便是明白“汉服”作为民族代表服饰，只是作为一日游的装扮形式实在可惜。“汉服美学”其实是一种态度，这份民族态度若能普及于大众生活中，我们会更有凝聚力。

很开心见到《汉服时代：现代汉服穿搭》这本书为我们带来延续中华文化的新可能，将汉服中我们所熟悉的深衣、襦裙、系带结缨等这些传统服饰的元素，糅合时尚潮流，贴近社会脉动，设计出更便利于生活的“现代汉服”。这也就是同袍们念兹在兹的所谓“华夏复兴，衣冠先行”的核心价值。而且，请记得，若时尚是美学的必须，那么便利就是文化普及的关键。

本书作者心思细腻，不仅考究汉服的重点设计元素，也因地制宜地设计不同场合的穿搭，不规矩却规矩地保留现代服饰礼仪，使人乐于体验现代汉服的优雅与时尚。如此大破大立的精神就跟我们制作流行音乐一样，流行金曲历久不衰是因为广泛的传唱度，流行时尚服饰也是如此。一旦汉服元素贴合于生活剪裁，人们就离不开它，纵使古风也得以席卷当代潮流，绽放出新的花样。最后，也期盼能借由本书的美学能量，将华夏民族的传统服饰之美，穿搭出一个新的汉风时代。

2022年8月

序二

终能与子同袍

“中国有礼仪之大，故称夏；有服章之美，谓之华。”华夏之名，由此而来。中华文明，将华夏衣冠作为一种由外及里的文化载体，中国，也因而被誉为“衣冠上国”“礼仪之邦”。

华服、汉服、中国传统服饰是华夏衣裳的现代通用称谓。汉服，同时也是汉民族服饰的简称。在不同的历史时期，中国传统服饰，在材料、形制、款式、色彩、纹饰、礼仪、人文意蕴上，都与各自时代密切融合，同时也具有一脉相承的精神和气象。

一件华夏衣裳，在浩瀚的历史长河中，不仅仅是为了遮盖身躯，美化形象。它所承载的时代印迹，也是我们认知过往时代的文明，重新解读中国人的历史面貌、风俗、文化、礼仪所不可或缺的一份直观史料，一种心灵与古今世界的对话。

我与周圆女士相识很早，大概在十多年前，因为汉服，不知何时在微博上彼此关注，但交流极少。后来得知她创立了一本独立杂志《汉服时代》，是最早的汉服刊物，这在汉服还不被大多数国人所了解，甚至有所误解的时期，非常令人钦佩、赞赏。有次看到她发起众筹，筹集《汉服时代》杂志的出版费用，就略尽绵薄之力，支持了一部分。后来我收到她寄来的十余本杂志，有汉服的最新社会资讯、活动、日常穿搭、历代传统服饰知识等，内容十分全面，我当即很开心地与我在国外留学的学生们分享，并把杂志留给她们。因为那时最先接受汉服复兴思潮的，往往是在海外读书，关注中国传统文化的留学生们。

十多年后，我们在北京见了面。彼时，我以古琴和国学、艺术史为主，常在北京及外地的博物馆、美术馆、各大高校举办人文艺术讲座。作为汉服界的“前辈”，连续穿了十三年汉服的我，因为趋向于率真无为的生活，已经逐渐开始向“新中式”的衣着和生活美学过渡。她在互联网公司做新闻传媒工作，依然关心汉服，多次组织汉服人文活动，做雅集、拍摄汉服视频、策划汉服文化节等，仍在坚持她的梦想。这时，汉服已不再是鲜为人知的传统服饰名词了，各大卫视开始倡导国潮、国风，文化综艺类节目时常可以看到汉服，网络热搜也不时出现汉服类话题。娱乐圈的明星、各大网络平台的网红，也都竞相穿上汉服，追随传统文艺的热点和潮流。还记得去洛邑古城游玩时，整个古镇最为繁华的景点，居然全是汉服摄影工作室，各种汉服妆造、服饰搭配令人眼花缭乱，几乎让人疑惑自己是否置身于宋明时期的街头。

汉服什么时候开始这样流行了？回想起来，似乎是汉服爱好者们的身体力行，十数年间不懈的继承、发扬，才有如此局面。但从中也可以看到国人文化自信的重树。“岂曰无衣，与子同袍”，忽如一夜春风来，大家都感受到了汉服的服饰之美、人文之美，对于本民族的传统服饰，终于有了一份归属感和认同。

虽然汉服在当前成为热点，让大众褪去了猎奇的目光，然而距离真正的复兴，还有很长一段路要走。宋代人说：“夫童蒙之学，始于衣服冠履。”古人将华夏衣冠和礼仪、教育、时尚、社会功用等，融为一体。现在时代已然不同，我们当然不必刻舟求剑式地效仿古人，照搬古代的生活方式，但汉服文化的传播，传统服饰的复原和穿搭，新中式的探索和发扬，还是需要不少睿智的有识之士去深耕的。很多人爱好汉服，还只是停留在拍摄一套汉服写真的兴趣点上。至于汉服的渊源，历代的变迁，不同形制款式的辨别、穿法以及选择，却都是一头雾水。

周圆这本著作，文图详实、优美，书中所涵盖的汉服史识，广泛又鲜明，是一本很好的汉服普及读物，也是一本汉服的穿衣指南，正好解决了汉服眼下最为紧迫的问题！

行者先生

2022年8月于北京泰梧堂

目 录

当我穿汉服的时候 我在谈什么

后记

前言：你真的了解中国人的衣服吗？

当代中国人大多不了解自己民族的衣服，每天起床打开衣柜，套一件T恤、一条牛仔裤就出门了。有些从事文化相关行业的人，也往往只有那么一两件中式旗袍或简约到只剩下色块的茶禅服，但这并不能代表中华上下五千年的气质。

中国传统服饰穿在身上究竟是怎样的气质？为何我们总拿东西方服饰来相互比较？因为太不同。这里说的不同，不仅指衣服本身的不同，还包括东西方人种在基因、相貌、影响环境等方面存在的差异的组合。之前有人说过，西方的服饰与东方相比，最大的特点是立体裁剪。

这是由于西方人极力崇尚人体美，服饰也越来越修身。莱辛在《西方美学家论美和美感》中说：“我承认衣服也有一种美，但是比起人体美来，衣服美算得上什么呢？”而中国传统服饰给人感觉像是一块布“挂”在身体上，虽有裁剪，但多为拼接，再系上腰带或系带，走路带风。

谈到中西方服饰差异，林语堂在《论西装》中是这样说的：“中装和西装在哲学上不同之点就是，后者意在显出人体的线型，而前者则意在遮隐之……只有没有美感的社会，才可以容得住西装。谁不相信这话，可以到纽约Coney Island的海岸，看看那些海浴的男妇老少的身体是怎样一回事……一个四十多岁的肥胖妇女，穿露出背脊的礼服，出现于戏院中，则其刺目的也是西方所特有的景象。对于这样的妇女，中国衣服实较为优容，也和死亡一般使大小美丑一律归于平等。”

这点我极为认同。中国传统服饰是随着人“一起成长”的，人是什么样子，穿的衣服就是什么样子；而在西方，服饰是什么样，人就是什么样，它更像一个容器，将人束缚在其中。对于一些西方服饰而言，哪怕穿着者的身材变化了一分一厘，就需要拿去修改，而中国传统服饰的包容度，可以覆盖人的一生，甚至陪伴很多家族度过更长久的岁月。

不少人认为穿着西方服饰是紧张的，因为修身裁剪必然让人感到浑身备受“禁锢”，它让现代的工作和生活更为紧张，不像中国传统服饰给人更多的是行为和礼仪上的要求。林语堂在《生活的艺术》中就提出要“拯救忙碌生活”，这在当时给浮躁焦虑、处于世界大战边缘的西方世界注入了一股来自东方的舒适的风。书中的东方美，是当代忙碌生活的拯救者。林语堂认为没有仔细咀嚼和品味过的忙碌，便不算是真正的生活；强调人应该从简单粗暴的现代西式快节奏中脱身出来，品味东方像茶一样的生活艺术。在他的眼里，一个东方人的魅力，是一个看得懂现实的残酷，却又能够用诗意、艺术和幽默的方式努力生活的形象。这和很多人现在提倡的“东方生活回归”不谋而合。

什么是东方美？就服饰而言，以汉服为主的中国传统服饰就可以说是东方美的代表。汉服承载的东方美的意蕴，正如杜甫在《丽人行》里唱的那样：“态浓意远淑且真，肌理细腻骨肉匀。绣罗衣裳照暮春，蹙金孔雀银麒麟。头上何所有？翠微匐叶垂鬓唇。背后何所见？珠压腰衱稳称身。”现今，我并不极力推崇大家非要穿着汉服走在街上，但如果穿了，请更合适地穿着它，因为没有一件衣服，比它更适合中国人。

这本书以汉服为切入点，分为穿搭和思考两部分，洞悉汉服在现代重新焕发生机这一现象，也凝聚了我十几年来对汉服穿搭、汉服发展的观点，是一本见证汉服成长，承载现代汉服阶段性意义的书。

欢迎翻开这一页，走进汉服时代。

汉服初识入门：

同袍必知的常识

汉服初识入门：

同袍必知的常识

汉服领域里，那些难以理解的字眼是什么意思？怎样才能成为一名“合格”的汉服同袍？购买汉服，从哪儿开始？本章将带你从外到内，从一词一句中，了解汉服文化。

风物入门：汉服常见名词解析

人群类

◎ **萌　新**：即刚刚了解汉服的人。

◎ **野生袍子**：指没有加入汉服社团，自己独立活动的汉服爱好者。

◎ **簪娘 / 簪郎**：制作汉服饰品的女生 / 男生。

◎ **汉服摄影师**：以拍摄汉服照片为主要业务的摄影师。

◎ **汉服商家**：售卖汉服的个人或企业。

◎ **同　袍**：汉服爱好者之间互称“同袍”，这个称呼取自《诗经·秦风·无衣》中的“岂曰无衣，与子同袍”，体现大家一起在复兴传统服饰文化的道路上携手共进。

◎ **大明少年 / 少女**：因明代的出土文物较多，款式更经得起考究，也有一批人只买 / 只穿明制服饰，俗称“大明少年 / 少女”。

辨别类

◎ **汉　服：**汉民族传统服饰，区别于古装（主要是具有古代元素的影视剧服装）、影楼装。

◎ **汉元素：**具备汉服特征的时装。

◎ **服　妖：**各个时期都有服妖，体现为不符合大众流行，僭越礼制、习俗从而出现的奇异形制。比如，晋末一度出现对襟衣裳，衣袂飘飘，也就是我们现在常说的“登仙装”。

◎ **复原款：**按照出土文物或书面资料还原某个款式的汉服。

◎ **时代的眼泪：**早期因文物考据缺乏制作的一些形制有问题的汉服，且目前这类服装已被证实非汉服。

◎ **存　疑：**即暂时没有文物出土，但也有可能存在的汉服形制。

◎ **山　服：**即山寨服饰，指的是侵犯正版版权的伪冒品。

◎ **影楼装：**影楼、摄影工作室按照拍照艺术需要制作、不符合汉服形制的服装。

◎ **古　装：**经过想象改造制作的影视剧服饰。

◎ **旗　袍：**经满族传统女性服饰演变过来的服装。

◎ **唐　装：**一种是唐朝风格的汉服，另一种是以马褂为雏形进行现代设计融合的时装，通常指的是第二种。

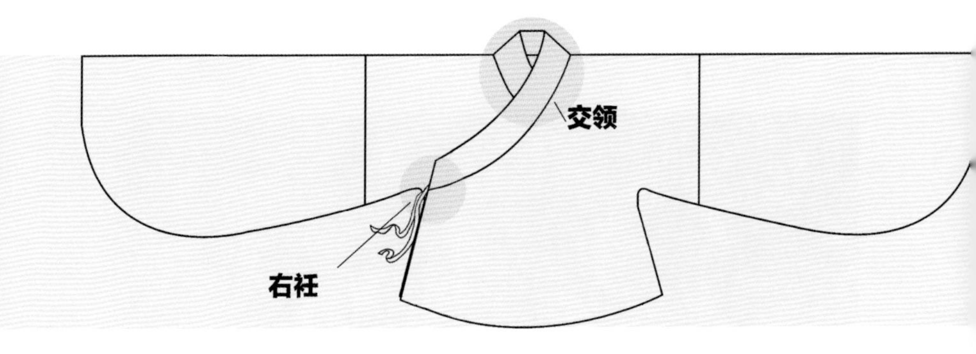

穿法类

◎ **形　制：** 汉服的款式、样式，每种形制都由实物、记载考证而来；根据服饰主要流行的朝代，也演化出周制、晋制、唐制、宋制、明制服饰。

◎ **领　型：** 主要包括方领、交领、立领、坦领、圆领、直领、大襟、对襟。

◎ **袖　型：** 根据应用场景不同，汉服有广袖、箭袖、直袖、半袖、垂胡袖、琵琶袖之分。

◎ **右　衽：** 汉服领型的基本特征，领襟相交成y字形，左右衣片用系带固定。

◎ **齐　胸：** 下裙系带在胸上方的穿法。

◎ **齐　腰：** 下裙系带在腰部的穿法。

◎ **混　搭：** 将传统汉服与现代时装或者其他风格服饰融合穿搭的穿法。

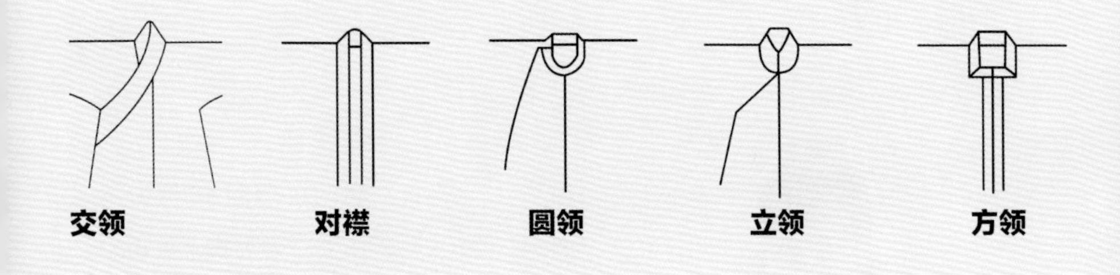

◎ **来　料**：即个人定制，就是挑选的布料与自己的身材数据给裁缝，说明形制要求，让裁缝定制汉服。

◎ **复　刻**：指的是原先已绝版的汉服，重新生产或销售。

◎ **放　量**：因考虑穿着舒适，制作汉服的时候往往需要在身材数据的基础上增加几厘米。

◎ **常　服**：即日常场合穿着的服饰，也要兼顾场合所需。

◎ **便　服**：方便工作和劳作穿着的服饰，怎么方便怎么穿。

◎ **礼　服**：重大场合穿着的衣服，场合包括婚礼、成人礼、丧礼、祭祀等。

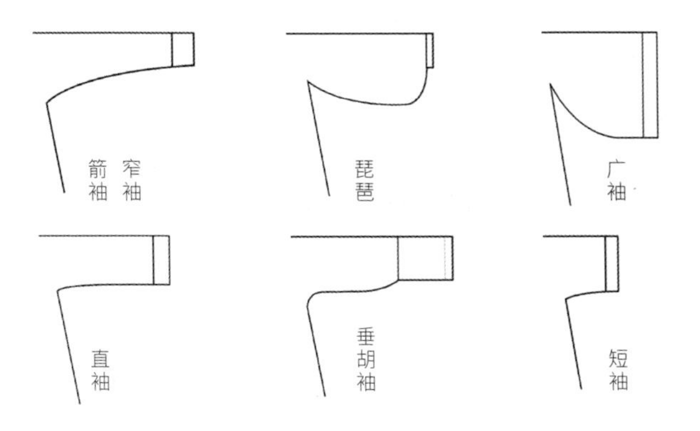

服饰类

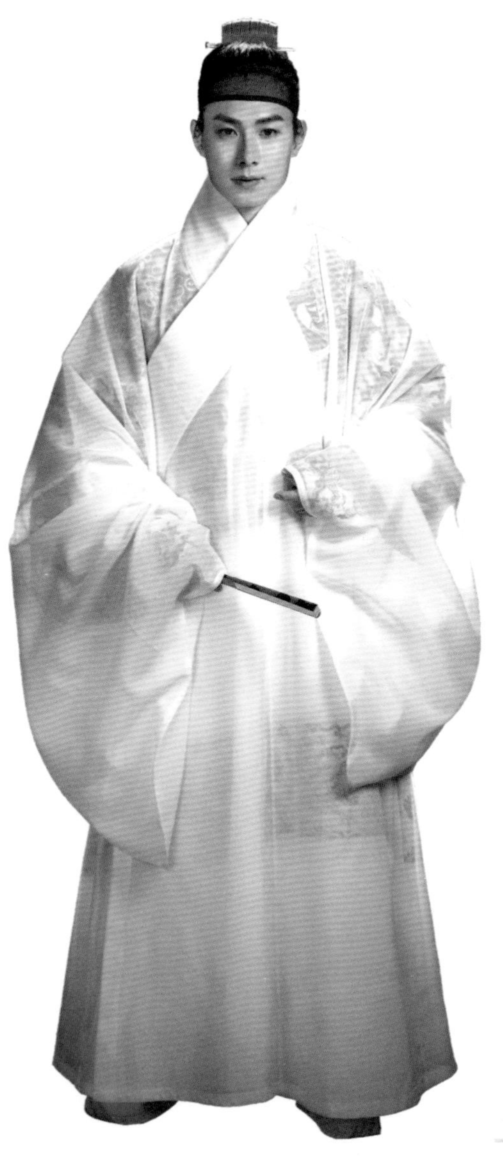

◀ 道袍褡护

◎ **衣　裳：**汉服按结构分型，主要可为上衣下裳和通裁制两种。上衣下裳即衣、裙分开，称“衣裳”，通裁就是上衣下裙连体，也称“深衣”。

◎ **魏晋风：**非传统汉服，是经由商家更改版式后，形成宽袍大袖、轻薄飘逸的组合款式，可以理解为是一种风格。

◎ **曲　裾：**流行于秦汉时期的绕襟袍，衣服左前襟加大加宽，可绕体数圈。

◎ **比　甲：**即无袖 / 半袖罩衫，有长有短，也可称为“背心”。

◎ **衫：**单层上衣，贴身穿着，夏季也可单穿，为比较常见的汉服上衣。

◎ **襦：**特指晋制襦裙，襦为较厚的短上衣，接有腰襕，流行于魏晋，多于冬季穿着。

◎ **袄：**唐以后出现的上衣款式，特点是长袖、通裁、开衩，袄裙是上袄、下裙的统称。

◎ **飞机袖：**特指南陵北宋铁拐墓M1的174文物款形制，为传统宋制直领对襟上衣的一种，但两袖袖口窄，袖根宽，像飞机的机翼，所以俗称“飞机袖”。

◎ **氅　衣：**即“鹤氅”，在宋代画像中为常见男子外衣，下接横襕，多为广袖。

◎ **披　风：**流行于明代，为防风外衣，多为直襟对领，两侧开衩。

◎ **襕　衫：**流行于宋明的文人服饰，根据《三才会图》记载，圆领大袖，下摆有横襕，通常衣边为黑。

◎ **直　裰：**流行于宋明，两侧不带摆、开衩的通裁男子长衫，可作里衣穿。

◎ **直　身：**流行于明代，两侧带摆、无开衩的通裁男子长衫。

◎ **道袍 / 道服：**明代男子居家外衣，为通裁制。

◎ **曳　撒：**即“质孙服”，明代常见的男子服饰，自元代辫线袄演变而来，上衣下裳连体，下裙打满褶，裙子两侧突出如耳朵般的裙摆，也有一说为戎装。

◎ **贴　里：**流行于明代，与曳撒近似，但没有两侧突出的裙摆，可作里衣穿。

◎ **交窬裙：**又称“破裙”，是直角梯形裁剪拼接结构的下裙（“破”指的是一种以直角梯形剪裁拼接的剪裁方式。破裙破数一般是偶数，比如四破，八破，十二破，二十四破，破数不限制）。

◎ **三裥裙：**破裙的一种，流行于宋代的一种裙子，由四破剪裁形式下半部分打褶，形成上窄下宽的一种裙子。

◎ **马面裙：**始于明代，延续至民国时期的一种款式。马面裙一共有四个裙门，分为两片，侧面打褶，中间的光面就称作“马面”，一说是形似城墙中突出的一部分，于是同这种城墙结构一样也叫“马面”。

◎ **两片裙：**裙子大多分为一片式和两片式。一片式即为下裙只有一片布围合，如褶裙、百迭裙，两片式就是两块布，但两块布在裙腰是缝合的，如旋裙、马面裙。

◎ **百迭裙：**流行于宋代，北宋晋祠的侍女上也可见到，特点是褶子密集、用料多、下摆肥大，两侧有裙门。

◎ **满褶裙：**流行于明代，裙身打满褶子。

◎ **裈：**古代的开裆裤。

◎ **袴：**古代的合裆裤。

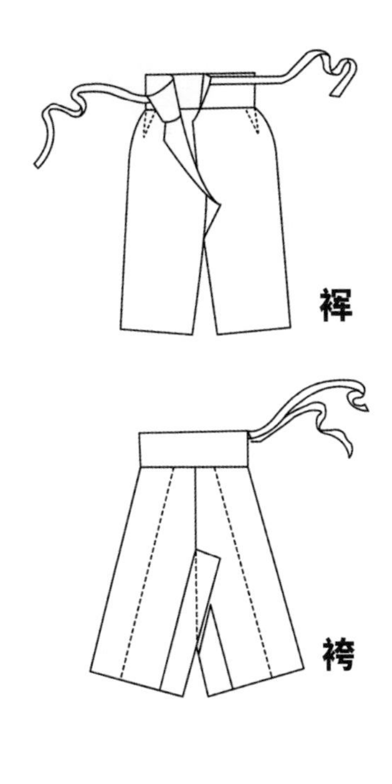

◀ 明贴里

购买入门：去哪儿买汉服？

因汉服市场推广起步较晚，大多数同袍主要是在线上网店购买汉服，其中以淘宝店为主，此外还有微店、拼多多等多个渠道。通常，汉服商家会在自己的店铺名称后面会增加“汉服”两字作为标志，还有一些极具个性的工作室，会以能彰显其主营服饰特色的名称命名，比如专营明制汉服的“明华堂”。

当前，汉服店售卖的服饰一般分为三种，一种为复原汉服，即完全按传统形制复刻的汉服；一种为传统汉服，即依据传统形制同时结合现代审美设计出来的汉服；一种为汉元素服饰，即保留汉服的基本形制特征，通过现代设计和剪裁制作出的时装。从市场定位来看，第一种服饰以高端定制为主，第二种以量产普及为主，第三种以注重原创设计为主。

近年来，线上汉服消费体量日益增大，也促进了二手汉服交易市场的发展。例如，一些同袍会通过闲鱼、转转等APP转卖自己的汉服。对二手汉服品质没有顾虑的人，也可通过这些方式降低汉服购买成本，实现闲置汉服的良性流通。

汉服店也有一定的成长期，往往会从线上到线下延伸。一些网店在具备品牌规模后，会增设线下体验店来提升服务质量，例如“重回汉唐”“十三余”等，这类也是线下门店销路的一种主要形式。还有一些较为零散的汉服体验馆，依据本地的特色，主营汉服租赁、售卖，同时提供汉服摄影、活动策划等服务。除此之外，全国各地的汉服协会也会承办一些商家联谊的活动，开放线下采购，组织购买汉服。

门店之外，线下影响力最广的是大型活动和展会。每年一度的“西塘汉服文化周”“华服日”“汉服出行日”“国丝汉服节”“礼乐大会”及以商家走秀为主的华裳九州、南国汉服嘉年华等活动，都是商家云集的盛会，热爱汉服的人也可以借由这些盛会购买到心仪的汉服新品。

除了通过以上渠道购买汉服，也可以根据个人需求购买相应面料，选择心仪的配色和绣花设计，找裁缝、绣娘定制汉服或亲手制作汉服。这样能更快速地获取到自己所需的式样，且减少穿着汉服出行时撞衫的概率。但在进行个人设计之前，还是建议先了解汉服知识，如此更为稳妥。

细节入门：汉服避坑指南

为什么花了同样的钱，有的人买到的汉服看起来品质更好、更耐穿？其实购买到心仪的汉服只算入门，还有很多品控的问题需要从细节处把关。学会看懂这些，日后购买汉服时，也可买到性价比较高的汉服。

配色

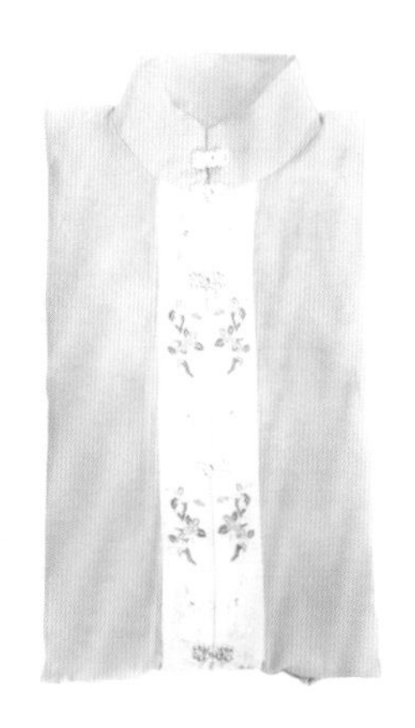

尽量少买对自己而言有配色难度的衣服。大部分人为了改变视觉效果，在撞色和高饱和度颜色的服饰上投入很多的心思和成本，但终究只是穿一二回，最终留下的大部分是百搭款。与其像这样讲求配色上的出彩，不如努力做好对纯色的细致把控。

比较保险的配色有：莫兰迪色、盐系、米色系、白色系、灰色系。这些颜色的近似色，或明度近似的颜色都能在视觉上给人带来一种舒适感。

缝线

衣服的缝线要平直，间隙要统一，至少不能歪歪扭扭，或突然在某处断了又重起一道拼合不上的轨迹。购买前看一看缝线，往往就能很快了解到商家的服装品质。

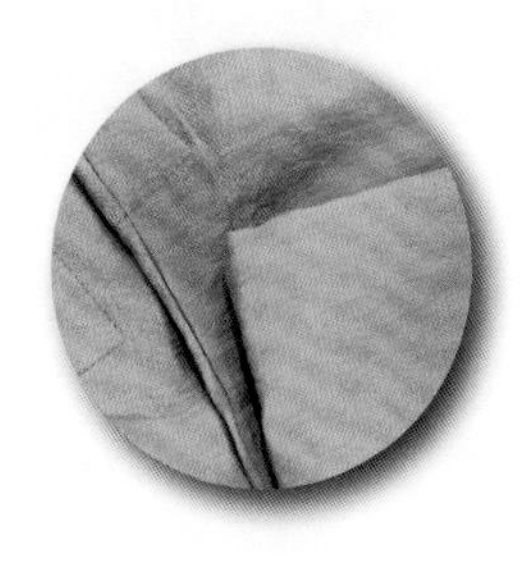

线头

一些商家在管控出品的时候不会要求线头的干净程度，然而这个在细节会大大降低衣服的品质感。而且，有些线头时间久了容易引发脱线，也会降低衣服的耐用性。

面料

纯棉、纯麻、真丝的面料虽然穿起来很舒适，但非常容易起褶皱。与之相对的是涤纶。涤纶是一种化工面料，常见的是衣标上的聚酯纤维和尼龙，触感类似雨衣、雨伞。涤纶虽然具有透气差、易起静电的缺点，但相对来说，涤纶的比例越高面料越抗皱。所以为了保证穿着舒适，同时易于打理，建议面料中涤纶占比为30% ~ 40%。

不少衣服过水之后不仅会起褶，甚至会起球。这也和面料有关。毛线类材质最容易起球，尤其是马海毛。所以为避免起球，应尽量避免购买这种材质的衣服，可以选择品质较高的羊毛。此外，化纤混纺面料比较耐用，且价格低廉，但短纤维本身也容易起球、起褶，所以化纤成分过高的面料也需要避免。

汉服进阶指南：

传统服饰的魅力

汉服进阶指南：传统服饰的魅力

上一章我们了解了一些汉服的常识，这一章我们将深入传统汉服文化的堂奥。

汉服形制：襟带天地霓裳梦

汉服形制错综复杂，但大体来说也不过这几个主要朝代。这些朝代串联成一整条关于服饰美学的线，成就了华夏最美的汉服。这里我们介绍几个主要朝代的流行汉服风格，帮助你了解汉服的款式和背景知识。

01 秦汉

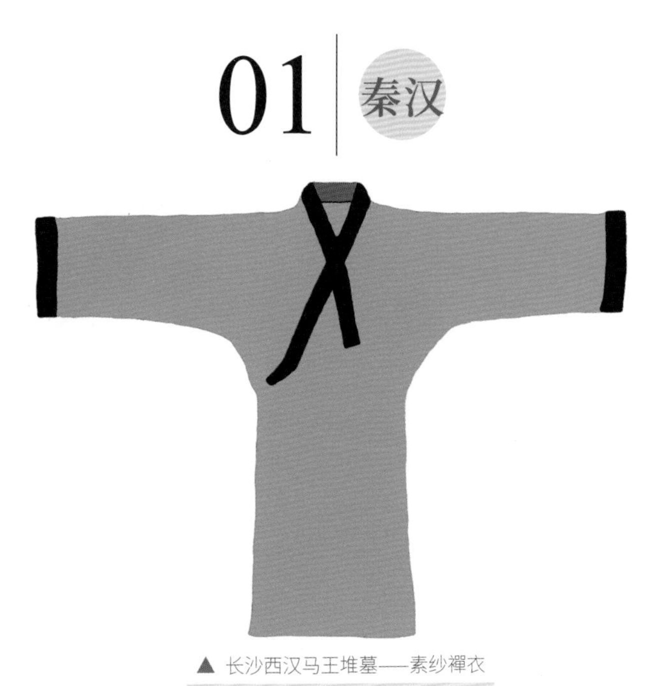

▲ 长沙西汉马王堆墓——素纱禅衣

秦汉时期的古朴依旧是华夏本初的模样，然而却逐渐显露出端丽与精致的格调。这一时期的汉服，形制虽然仍以袍服为主，但袖型主要为有收祛的垂胡袖，可披外衣。外衣形制主要有三：夏季轻薄单层的禅衣、春秋增加夹层的夹衣、冬季填充丝绵的复衣。领口袖口饰有传统绣纹，下摆花饰边缘是心灵手巧的女子常动的小心思。

这个时期的主流形制：

曲裾、直裾

特　点：

曲裾衣裾为直角，直裾衣裾为三角形，分别绕于身侧或身后方。

穿　法：

襌衣 / 夹衣 /
复衣→曲裾 / 直裾

西汉初期马王堆 ▶
——曲裾长襦

02 魏晋

▲ 甘肃花海毕家滩 26 号墓——晋襦

流风回雪是这个时代的印记，也成就了这个时代的风流。上至王公名士，下至黎庶百姓，皆以褒衣博带为尚。与男装相比，女装更为绚丽多彩，若崇尚纤细，可着窄身的襦裙，若爱慕古朴，仍可着宽博的深衣。襦裙的出现不仅为女装增添了一抹亮色，也奠定了此后千年华夏女子“两截穿衣”的习俗。

这个时期的主流形制：

晋襦

特　点：

上襦必有腰襕、下裙以交窬裙为主；

袖型以直袖、垂胡袖为主

穿　法：

上襦→半袖→交窬裙

→裲裆（可外穿 / 内穿）

▲ 魏晋贵族服饰

03 唐

▲ 日本正仓院——吴女袄

在后人眼中，这个瑰丽的时代更像是一个传奇，兼容并蓄的态度成就了这个时代多彩华美的服饰风格。男装承袭了古老的袍服形制，同时又融入了西域的特色，于是出现了圆领袍、翻领袍。此时女装的大胆与瑰丽可以说是前无古人，后无来者，“粉胸半掩疑暗雪”的装束也仅有这个时代可以容下了。从唐初的小袖窄衣俏丽简约，到盛唐的衣裙渐宽端庄大气，再到晚唐的宽裙大袖绮艳靡丽，女子的衣衫风格，也见证了这个王朝的命运。

新疆吐鲁番阿斯塔那 206 号墓 ▶
——彩绘木胎著衣舞女俑

▲ 盛唐贵族服饰

这个时期的主流形制：

衫裙、圆领衫 / 袄

特　点：

裙子系法以齐胸 / 齐腰款式为主；圆领袍出现

穿　法：

抹胸→直襟 / 圆领衫衣（内搭）→背子→交窬裙

圆领衫衣（内搭）→裈 / 袴→半臂→圆领袄 / 衫

唐女子圆领 ▶

04 宋

▲ 福州南宋黄昇墓——紫灰绉纱滚边窄袖褙子

繁盛绮丽的唐没落了，取而代之的是婉约典雅的宋。在“程朱理学”的影响下，男装既有承袭前朝的圆领公服，亦有追古溯源的深衣。艳丽奢华的女装风格已经不再是时尚，取而代之的是清丽飘逸，淡雅恬静的褙子与衫裙。纤细窈窕、弱不胜衣的美人包裹在层层叠叠的罗衫中，可着下摆飘逸的宋裤，也可着纤细的旋裙。泥金刺绣的绫罗上，或有各色折枝花卉大朵大朵盛开。

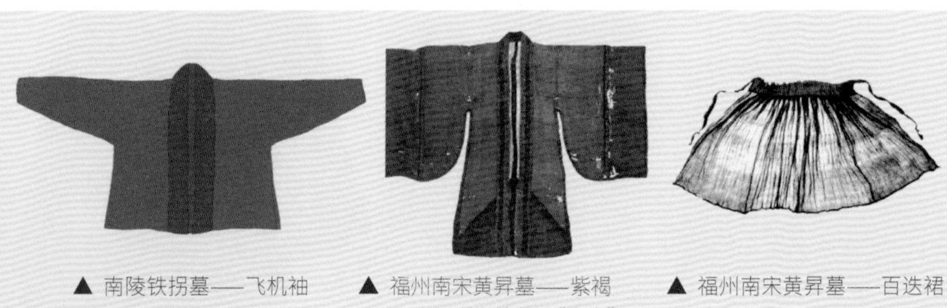

▲ 南陵铁拐墓——飞机袖

▲ 福州南宋黄昇墓——紫褐色罗印金彩绘花边“大衣”

▲ 福州南宋黄昇墓——百迭裙

这个时期的主流形制：

褙子、飞机袖、氅衣、圆领

特　点：

褙子上衣为中长款，通常不束于裙内，和飞机袖一样下身可配百迭、旋裙、宋裤；宋代画像中男子常见氅衣、圆领，少见襕衫，内搭衣裳。

穿　法：

抹胸→上衫 / 飞机袖→
百迭裙 / 旋裙→褙子
上衫→裈 / 袴→圆领
上衫→褶裙→氅衣 / 襕衫

◀ 宋女子褙子

05 明

▲ 孔府旧藏——蓝色暗花纱女长袄

华贵大气、典雅端丽便是此时的风格了。明太祖制定的典章制度“上承周汉，下取唐宋”，于是圆领乌纱的官服基本承袭了唐宋的模样，直裰方巾则成为士子的标配。女装则有衫、袄、披风、比甲，较唐宋都收敛了许多。女装终究对政治不那么敏感，许多少数民族的元素保留了下来，典丽的马面裙便是其中的代表。这种独特的裙装悄然流行开来，成为了贯穿整个明代的一种主流女子裙装。

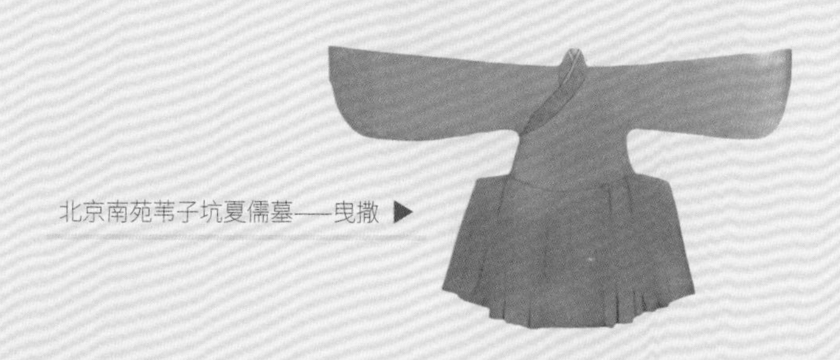

北京南苑苇子坑夏儒墓——曳撒 ▶

这个时期的主流形制：

比甲／背心、袄裙、
直身／直裰、道袍／道服、
贴里／曳撒

特　点：

出现立领；
服饰上开始流行金属扣子。

穿　法：

主腰→上衫→
满褶裙／马面裙→
袄裙→比甲／背心／
披风／披袄上衫→
满褶裙／马面裙→贴里
→直身／道袍／曳撒→
罩甲／搭护／氅衣／披风

▲ 明代命妇服饰

汉服内衣：
——东方维密系裙腰

几年前欣赏维密秀时，我就常常在想，如果中国传统的内衣出现在国际舞台，又会是怎样一个令人惊艳的现场？作为最贴近女人心脏的衣服，内衣可以说是女人最不可或缺的部件了，如果能用一个词来形容汉服中的内衣，那就是“讳莫如深”。

这不是一部泛着诱惑意味的历史，但是香韵犹存。正如《诗经·邶风·绿衣》中所写：“绿兮衣兮，绿衣黄里。心之忧矣，曷维其已？”爱人已经逝去，留下了她的衣裳，翠绿外衣，鹅黄里衣，衣香犹在。外衣是端庄淑德的仪表，里衣是风花雪月的温存，这一段是写尽了由外及里的相思。

两汉 中国第一款性感内衣诞生

先秦时代的内衣，下有袴、胫衣以护腿，上则有裎衣以蔽身，《诗经•陈风•株林》中的夏姬曾赠情人自己的贴身内衣“衵服”，很有可能就是裎衣。那时，女子的衣服本是衣裳相连的，但秦始皇下了道命令，令后宫佳丽们穿短衫作为内衣，也叫“半衣”，以方便皇帝临幸。

这样一款短衫需要固定，便用彩色丝巾束腰，被称作“腰彩”。汉武帝时，宫女出主意，将带子扩宽，变为四根，能束住腹部及胸部，于是，中国第一款女性专属的性感内衣——袜肚便诞生了。与松垮的裎衣不同，袜肚更为修身，所以也成为一时风气。

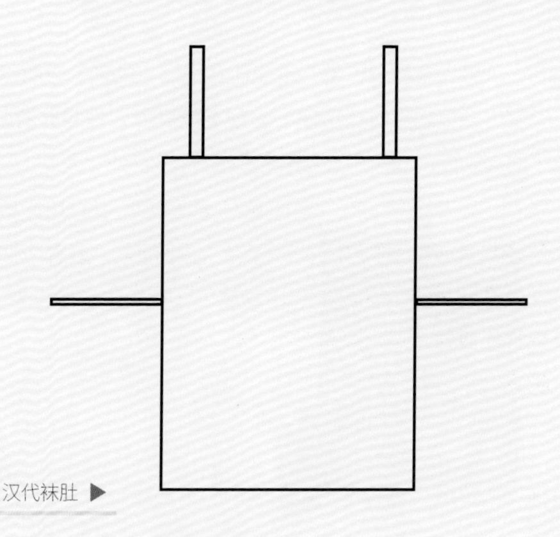

汉代袜肚 ▶

魏晋南北朝 内衣外穿成时尚

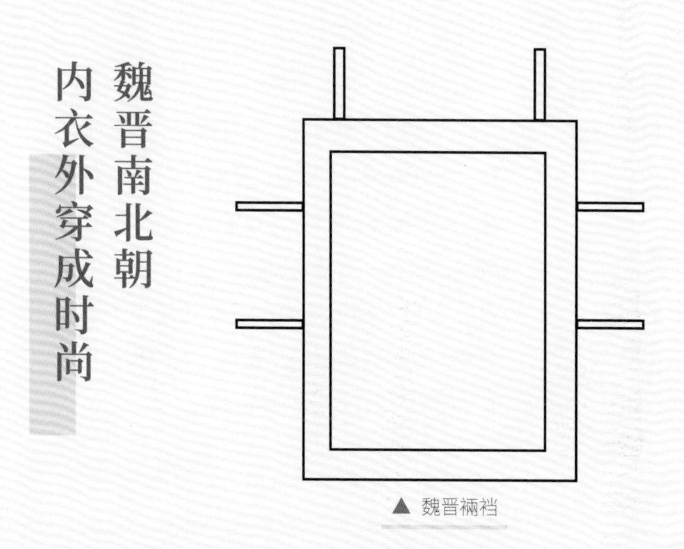

▲ 魏晋裲裆

汉代出现一款有趣的内衣——裲裆，有点类似现在的背心。裲裆一开始是男人穿的，但到魏晋南北朝，爱美的女性也忍不住穿上了。她们勇敢地为这款内衣加上了各式花样纹饰，甚至穿在了衣服外面。

男人看不下去了，不能让女子们“乱来”，所以《晋书·王宏传》记载当时还出现了一种专门监督百姓穿着的职业，在检查庶人服色的同时，也会检查是否有内衣外穿的女人。但到了南北朝，爱美战胜了一切，内衣外穿成了真正的时尚。“阳春二三月，单衫绣裲裆”，想想就觉得春光无限好。

◀ 花海毕家滩 26 号墓——裲裆

唐代
杨贵妃给自己造了一件胸罩

▲ 唐 周昉《簪花仕女图》（局部）

说起大唐，那可是个酥胸旖旎的朝代。开放的唐代，女子们肯定不能错过展现自己身材的机会。这一时期，她们穿着衫裙，胸口轻敞，可谓是“慢束罗裙半露胸”，“脸似芙蓉胸似玉”。

宋代詹玠的《唐代遗史》中记载，传闻杨贵妃和安禄山私通之时，发明了一款颇为香艳的内衣——诃子。诃子没有肩带，从侧面开合，把袒胸、露乳、秀肩一并囊括，让女子们更加肆无忌惮地展现自己的胸部，紧身内里侧面施力，更有了聚合衬托胸型的作用。

在唐代，除了凸显胸部丰满的诃子，还有衬托腰部纤细的宝袜。宝袜虽名为“袜”，却不是袜子，而是一种漂亮的女子紧身内衣。唐太宗宠爱的才女徐惠曾如此描述道：“纤腰宜宝袜，红衫艳织成。”

宋代 内敛不外泄成为主流

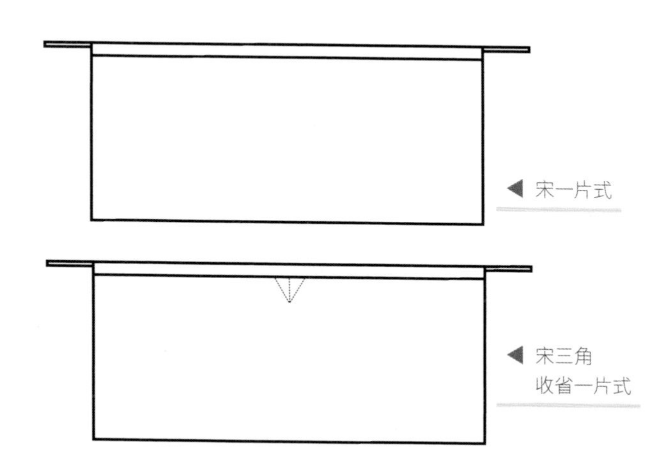

也许因为唐代风光到了极盛，到宋代时，女子们慢慢厌倦了露胸的时尚，转向保守内敛的风格。这时的内衣有抹胸，也有裹肚。抹胸主要是为的是包住胸部，裹肚较长，可以掩住腹部，后来索性合在了一起，称为“主腰”。

这时不得不提孙二娘。明代容与堂刻本《水浒传》中有幅插图，图中孙二娘围了一条桃红纱主腰，上面有一排纽扣将前胸紧紧束住，这也符合《水浒传》中的描述：“……那妇人便走起身来迎接——下面系一条鲜红生绢裙，搽一脸胭脂铅粉，敞开胸脯，露出桃红纱主腰，上面一色金纽。”

宋代还有一件有意思的事情，那就是出现了女相扑手。她们可以在光天化日之下袒露自己的身体。在开封、临安等大城市的勾栏瓦舍，女相扑手往往先登台竞技，名字如嚣三娘、黑四姐等，以招徕观众。女相扑手穿着内衣登场不在少数，宋仁宗曾于上元节偕后妃去宣德门广场围观了一场女相扑比赛，但后来司马光上书《论上元令妇人相扑状》，将女相扑手的内衣格斗秀斥为“裸戏”。在这之后，女相扑活动风光了一阵，就销声匿迹了。

明清
拘谨风气下的撩人之物

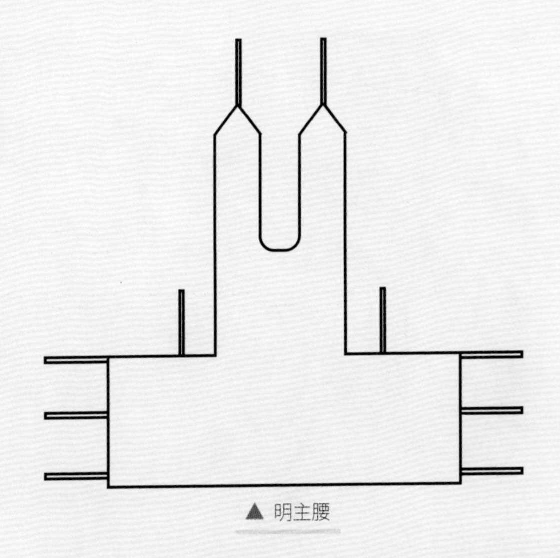

▲ 明主腰

明清两代的风气更为拘谨。走在街头的女子们身穿一层厚厚的衣服，甚至包住了脖子。这时候的禁令虽甚，却也拦不住情色小说和春宫图的兴盛。

在春宫图中，可以看到明代的内衣以抹胸为主，其中大部分为主腰。《金瓶梅》中的潘金莲，就用抹胸将西门庆迷得神魂颠倒："妇人赤露玉体，止着红绡抹胸儿，盖着红纱衾，枕着鸳鸯枕，在凉席之上，睡思正浓。"《红楼梦》中尤三姐，将大红袄子半掩半开，露着葱绿抹胸，一痕雪脯。在这里，抹胸也是最撩人的物什。

▲ 江苏泰州明墓——主腰

现在我们再看那些汉服中的内衣，其实正是一段段风情史写就的传说。如果真的举办一场东方版维密，风采也一定不亚于现代女子。如此想来，这难道不就是我们骨子里的千年浪漫吗？

汉服配饰：——美人头上四时花

汉服与配饰可谓是相得益彰。一般在购买汉服之后，许多同袍也会对汉服的配饰产生极大兴趣，因为配饰可以日常佩戴，辨识度也高，于是便越买越多，从而踏入消费的“无底洞”。现在，就让我们一起来看看，汉服配饰究竟有着怎样的魅力？

01 发饰篇

配饰往往从“头”开始，所以我们先说发饰。单论主流发饰，按形制来分，就有发簪、发钗、发梳、步摇、发带、发冠、发夹等，一些不常用但也可作为装饰的，有狄髻、抹额（额饰）、花钿、冠巾。

按材料和工艺来分，有绒花、绢花、通草花、缠花、烧蓝、点翠（仿点翠）、料器花、造花液、热缩片、多宝花、永生花等。

我们挑几个常见的来单独介绍。

笄：

常见的基础发饰，用来挽发或固定发冠，也可以理解为簪、钗等基础发饰的总称。古代汉族女子十五六岁行“及笄礼”，即为成年，体现在发型上，就是从垂髫到结发，用笄把头发盘起来。后来发饰部分通常称为“簪”，“笄”的称法则在礼仪之中保留下来。

钗：

一种两脚的发饰，和簪子功能近似。

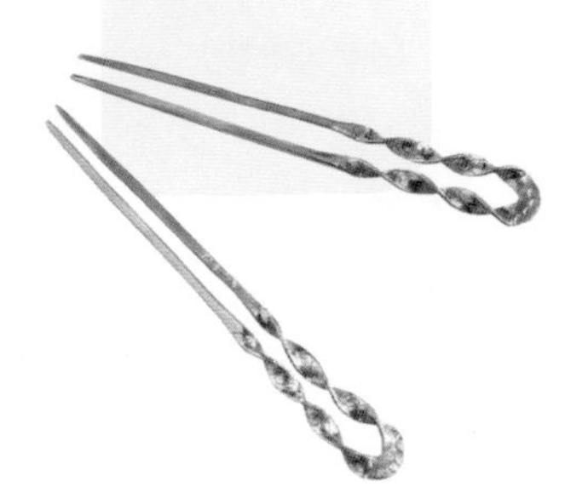

步摇：

一种有悬挂的发饰，“上有垂珠，步则摇曳”，因其行步则动摇而得名。簪头多用龙凤形状，缀以珠玉。六朝之后，样式变得愈发繁多，比如会做成鸟兽、花枝等，可与钗、钿相配，一同簪于发上；材质也更加丰富，有金、银、玉、玛瑙等。后向东传入高丽朝鲜半岛及日本，并对当地的发饰文化都产生了深远的影响。

华胜：

即“花胜”，一种将造型做成花型的发饰。《释名·释首饰》记载：“华胜：华，象草木之华也；胜，言人形容正等，一人著之则胜，蔽发前为饰也。”

梳篦：

与现代的梳子很相似，是妇女人手必备的装饰品，在古代甚至形成插梳的风气，所以既可以用于理发，也可以用于装饰。梳与篦的区别在于齿的疏密，齿稀的称“梳”，齿密的称“篦”，通常梳用来梳理头发，篦用来清理发垢和头屑。梳篦的材质多为骨、木、竹、角、象牙等，形制通常以宋代形制为主。如今，常州梳篦最为知名，2008年被列入国家级非物质文化遗产。

狄髻：

主要流行于明代，是已婚妇女的首服，多用银丝、金丝、马尾、篾丝、头发组合编成。发髻缠在头顶，通常覆以黑纱，形似圆锥。髻上还搭配各式首饰，称为“头面”。

02 耳饰篇

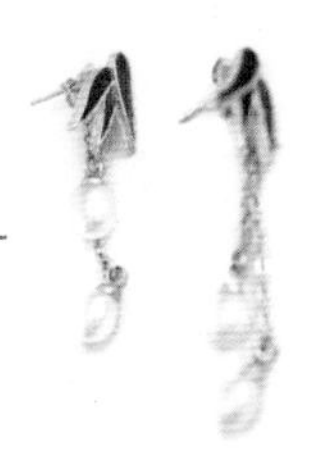

李渔在《闲情偶记》中说："一簪一珥，可相伴一生"。如今的人戴簪已不多见，但耳饰的样式却是越来越多。

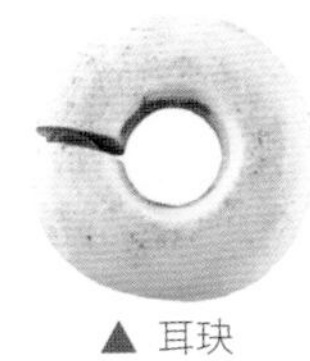

▲ 耳玦

在中国传统观念中，耳饰需要穿孔后才可使用，所以并不被人重视，多为异族使用。直到宋代，世俗、平民化审美的大冲击下，耳饰慢慢也成为了女子的常见首饰。有一种说法认为，祖先最早使用耳饰是在距今一万年至六千年的新石器时代，那时的耳饰多用于祭祀礼仪场合，名为"耳玦"。

另外还有——

耳环： 环状的耳饰。

耳坠： 加坠饰的耳环。

耳珰： 直接穿于耳上，形状为中间凹陷的圆锥状。

03 颈饰篇

◀ 敦煌莫高窟第一〇八窟东壁壁画

脖子上的首饰，主要分为项链和项圈。在古代，家里会为刚出生的婴儿戴上一串项链，最早的材质为贝壳，所以“婴”的字形中也有“贝”字，这也是一种美好的寄寓，后来慢慢演变成为长命锁。项链在古代也称“璎珞”，是古代佛像的颈饰，在唐代时随佛教文化一起流入中原，并被女性模仿改造，成为各式各样的项链饰品。

璎珞：

取自梵文keyūra，是古代印度佛像的颈饰，搜集众宝制成，光彩华丽，寓意“无量光明”。根据《佛所行赞》卷一中记载：在释迦牟尼当太子的时候，就“璎珞庄严身”，用金属项圈为底，珠宝连缀，挂在胸前。在古代，璎珞也会被当做项圈、长命锁的代称。

毛领:

将动物毛皮制作成类似围巾的饰品，用于保暖。

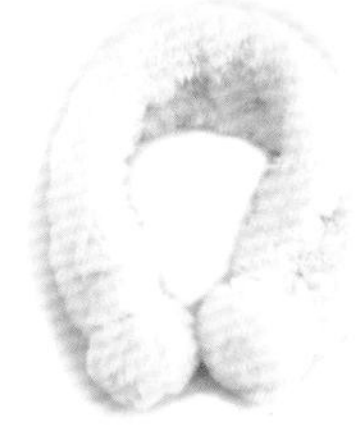

义领:

即假领，用长束带交叠在领口处形成中衣样式，大多为夏季充中衣使用。

披帛:

南北朝时期已出现身着披帛的供养人，但披帛样式直到唐代之后才在民间广泛使用。披帛通常为轻薄纱罗制成，较短的为披子或披肩，用于御寒，较长的为披帛，用于装饰。《旧唐书·舆服志》记载："风俗奢靡，不依格令，绮罗锦绣，随所好尚。上自宫掖，下至匹庶，递相仿效，贵贱无别。"

褙子扣:

明制袄子上的常见装饰，多为子母扣样式，用于约束领口、前襟。

04 手饰篇

在中国古代的文学作品中，以手镯为信物相赠恋人的情节颇为常见，梁代陶弘景在《真诰》中就描述了仙女萼绿华以金和玉的“跳脱”（即手镯）赠予羊权的故事，可见在当时这也是人们心中广泛接受的定情信物了。

西汉之后，受西域风俗影响，臂环也随之流行，宋人沈括在《梦溪笔谈》中提到：“金陵人登六朝陵寝，得玉臂之，功侔鬼神”。

唐代的手饰流行更广，女性臂腕上的饰品也越来越繁杂，比如出现了钏、镯、玉环、腕环等称呼。有的手饰还可根据手腕粗细调节松紧，或以金属进行装饰，或镶嵌宝石，工艺精美。

手镯：

一般镯面中间宽、两头狭窄，中间有压花纹，也可称为“手环”。

手链：

链状的手饰，松紧调节更为方便灵活。

跳脱：

类似现代的“弹簧”，盘绕手臂数圈，两端用金银丝相连，能调节松紧，可以戴在手臂上，也可戴在手腕上。

手暖：

一种筒形的手套，多为毛织物制成，用于御寒。

扇子：

原指团扇，后来泛指各种扇子，包括折扇。扇子的种类按工艺、材质来分，就有羽毛扇、蒲扇、雉扇、团扇、折扇、绢宫扇、泥金扇、黑纸扇、檀香扇等。扇子最早在彰显地位的仪仗中使用，后来才有纳凉、把玩之用。《朱子语类》中就曾以扇子为喻论述体用的关系：“譬如扇子只是一个扇子，动摇便是用，放下便是体。”可见，扇子在当时主要作为一种配饰。

05 腰饰篇

汉服多不用纽扣，一般用系带固定，这种系带也可以理解为是最早的腰饰品，称为“衿”。此外为了加强约束，汉服外面还会再束一条大带，近似于现代的腰带。腰带大多为丝帛制成，也有皮革带，称为“鞶带”。通常妇女用轻盈飘逸的丝带，男子用革带。在礼仪场合，还有专门制作的大带。此外，也有用于装饰的珠带等。

腰带的系束位置也有规定。《礼记·深衣》中记载：“带，下毋厌髀，上毋厌胁，当无骨者。”孔颖达注释说：“当无骨者，带若当骨则缓急难中，故当无骨之处。此深衣带于朝祭服之带也。朝祭之带，则近上。故《玉藻》云：‘三分带下，绅居二焉。是自带以下四尺五寸也。’”从中可见腰带的系束位置。有时，腰带甚至束而不系，这是根据服装种类及形制决定的，与我们现在单纯为了审美系束的方法有所不同。

腰带还可具体分为：禁步、腰链、宫绦、带钩、蹀躞带。

禁步：

将不同种类的玉佩珠宝，用丝线穿连组合，最初用于压住行步时飘起的裙摆，后来也作为一种纯粹的装饰品。

腰链：

多见于佛教绘画，后成为女子腰部的饰品，唐李倕墓中也有出现类似款。

宫绦：

主要由丝绦编制而成的悬挂饰物。

带钩：

贵族、文人、武士腰间的一种腰带的装饰物，主要材质有铜、铁，也有金银玉石等材质。造型上有动物形，也有琵琶等物形。

蹀躞带：

“蹀躞”一词，为小步寄走之意，形为一条玉带，配十三块玉带板，下可挂载小物。

06 包饰篇

古代就有包了，但早期并不叫“包”，而是叫佩囊。《诗经·大雅·公刘》记载：“廼裹餱粮，于橐于囊。”大概意思就是，带着干粮准备远游，大包小包都满载。

箭囊：

在新疆鄯善苏巴什古墓群M7墓中就出土了先秦时代的包，均为皮革质地，小口大腹，有人推测是箭囊。

鱼袋：

唐代专门用来放置鱼符等印信的包，可显示主人身份。《新唐书》记载：“随身鱼符者，以明贵贱。”

香囊：

多用碎布缝合，可放置香草，多佩于腰间。端午时节还会制作专门的药草香囊，用以袪除虫害。宋代吕原明《岁时杂记》提及一种“端午以赤白彩造如囊，以彩线贯之，搐使如花形。”香囊的形状有圆形、方形、椭圆形、倭角形、葫芦形、石榴形、桃形、腰圆形、方胜形等。

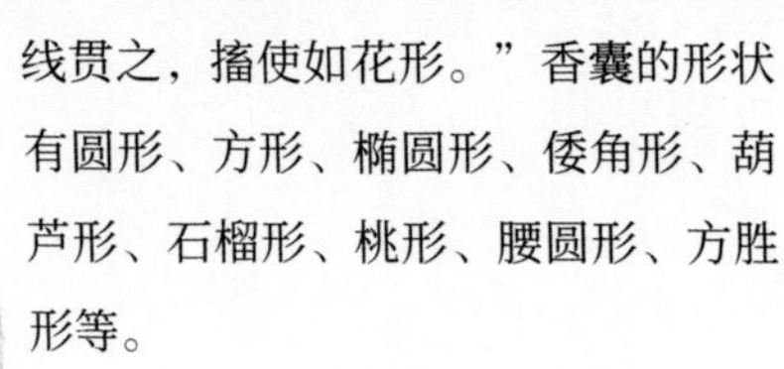

▲ 敦煌莫高窟“近事女”壁画（局部）

书袋：

古代贵族、文人间的流行书包，用来盛放计算工具、文具一类，也称“算袋”。唐代诗人平曾有诗云：“老夫三日门前立，珠箔银屏昼不开。诗卷却抛书袋里，正如闲看华山来。”

荷包：

一种佩戴在身上的小包，形状各异，多为束口样式，主要有装钱、收纳小物件和装饰的功能。

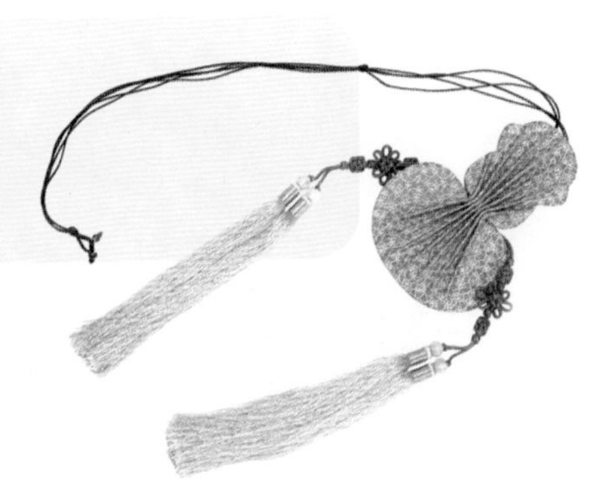

07 足饰篇

脚上的装饰品便是“足服”，包括了鞋和袜。在最早的原始社会，鞋就是袜，就是将兽皮裁割，缝合成一块包裹脚的布，后来才慢慢有了符合礼仪、更加舒适的袜和鞋。按鞋的材质来分，有布鞋、锦鞋、丝鞋、麻鞋、皮鞋等，我们主要介绍几种现在能经常看到的足服形制。

屣：

类似现在的拖鞋。《中华古今注》卷中：“秦始皇常靸望仙鞋，衣丛云短褐，以对隐逸求神仙。”

弓鞋：

一种弯底鞋，形似翘首的鸟头，鞋底多为木质，弯曲如弓。

翘头履：

鞋头上翘，上面多有翻起的装饰，多用于重大礼仪场合。

靴：

来自北狄胡人，和现在的靴子类似，北齐后在汉人中普及。宋人沈括的《梦溪笔谈》记载："中国衣冠，自北齐以来乃全用胡服。窄袖绯绿短衣，长靿靴，有蹀躞带，皆胡服也。"

汉服面料：织罗纺麻裹生涯

汉服的面料，也是不可胜数。有细致的传统纺织，也有华美的现代工艺。我们在市面上接触的服装面料，主要分为天然面料和非天然面料：天然面料包括植物纤维、动物纤维、矿物纤维，比如真丝、棉麻、呢、绒、皮革；而非天然面料主要是人工高分子化合物制成的合成纤维，最常见的是化纤和混纺。

—01—

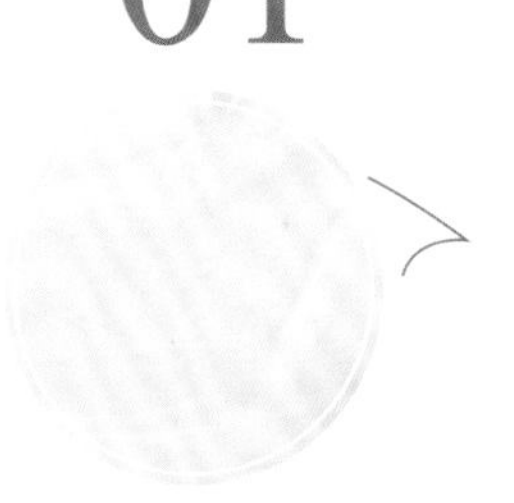

棉：

棉从汉代才来到中国，据《后汉书》记载：“武帝末，珠崖太守会稽孙幸调广幅布献之。”这里的“广幅布”就是棉布。到了后来，棉成为最常见的大众面料，它柔软贴身、穿着舒适、透气性强，但容易缩水、不抗皱。

-02-

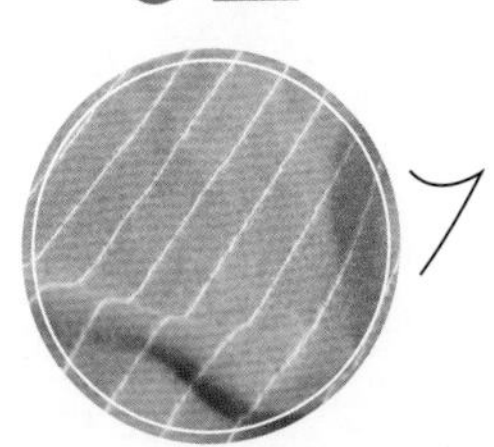

◆ 常见的麻质面料有苎麻、亚麻、葛布等，由于葛布质地粗厚，保暖效果差，所以现在较少使用。

麻葛：

苎麻一年收成三次。到了芒种时节，农桑人便把麻皮从麻杆上剥下。这麻皮粗粝非常，稍有不慎便会划破手，但它和葛蔓是这世上最古老的用来蔽体的纤维。汉字里有个“绩”，指的是将麻纤维接驳成线的动作，而制作麻线的工序又称为“绩纱”，大多由妇女和老人完成。麻线卖到织布作坊，做成夏布后才能成衣，我们常说的“成绩”，其实最早来源于此。麻的主要特征就是耐用、清凉，面料韧性极高，但也易皱、易变形。

丝：

真丝即以蚕丝为原料纺织的各种丝织物统称，涵盖绫罗绸缎。妆花缎、软烟罗、青蝉翼、凤凰火、云雾绡、素罗纱、云绫锦、散花绫，这些名字好听的绸缎，都来自蚕宝吐丝，但每一种，都有经纬交错的细微变化。天然蚕丝并非生来丝滑，而是需要一遍遍放在温水中抽丝，溶解掉手感偏硬的丝胶，这一过程就是“缫丝”。唐代张萱的名画《捣练图》中，“捣练”就是在复现缫丝这一技术。据《周礼》记载，周代设有“典丝”这一专门部门，掌管丝原料的征收及缫丝加工。见于文献记载的丝织品包括缯、帛、素、练、缟、纱、绢、绮、罗、锦等。

-03-

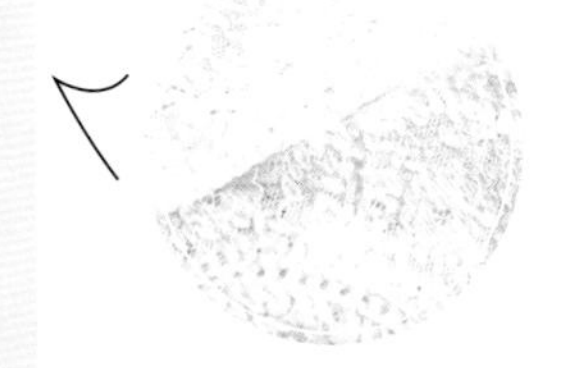

◆ 真丝织品手感顺滑舒适，是比较有质感的面料，优点是轻薄、柔软、滑爽、透气，但不抗皱、耐磨性较差。

具体来说绫罗绸缎。绫的特点在于由绮演变而来的斜纹，望之如冰凌，故称为“绫”，其质地轻薄、光滑柔软，在唐宋时期广为流行，但多用于装裱书画。罗的起源可追溯到春秋战国，特点是轻薄、柔软、透气、有滑感，也流行于唐宋，多为上流社会所使用。“轻罗小扇扑流萤”这句诗，描绘的正是古代身着罗衣、轻摇罗扇的经典搭配。绸与缎相比，前者面料顺滑贴身，恰有柔情似水之感，而后者面料则相对厚实，更显庄重，能修饰身材线条。所以有人讲：“绫素馨，罗旖旎，绸高贵，缎典雅。”这句话完美地概括了各种材质的个性。

04

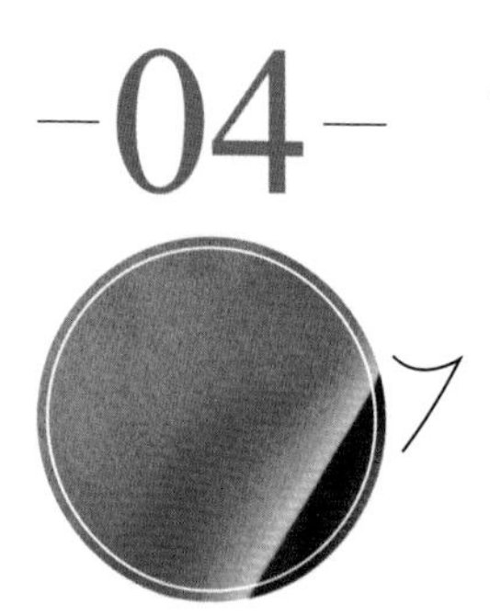

羊绒：

羊绒常作为冬季保暖面料。在唐代，用山羊又细又柔软的绒毛织出来的织布称为“绒褐”，既轻又暖。明代《天工开物》一书中还记载了产羊绒布的方法：先用手指“拔绒”，然后“打线织绒褐”。

- 羊绒的特点是抗皱、耐磨、挺括，但洗涤较为复杂，需要养护。

皮革：

皮革即动物皮毛用料，多用于时装装饰和冬季服装面料。皮革可分为两类：一种是革皮，即去毛处理后的面料；另一种是裘皮，即经过处理、连皮带毛的面料。《韩非子·五蠹》中记载：“冬日鹿裘，夏日葛衣”。由此可见，古人冬季也需要靠动物皮毛御寒。

05

- 皮革的优点是保暖、华贵，但养护的要求也较高。

—06—

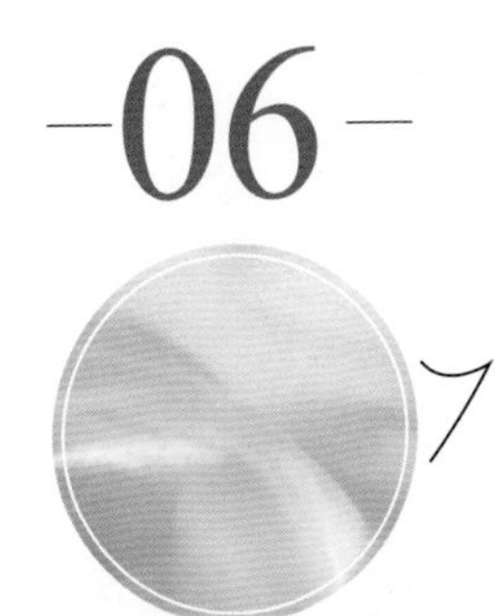

化纤：

化纤作为一种现代化工面料，其突出特点是挺括，拥有较好的耐磨性和耐热性，但透气性较差，容易变形。所以，化纤可以作为日常服饰的主要面料，而非高级礼服面料。

◆ 常见的化纤面料为雪纺。

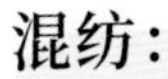

混纺：

混纺就是天然和非天然纤维按比例混合纺织成的织物，这种面料的主要特点是吸收了棉、麻、丝、毛、化纤各自的优点，又避开了化纤的部分缺点，扬长避短，所以也是比较受欢迎的面料。

—07—

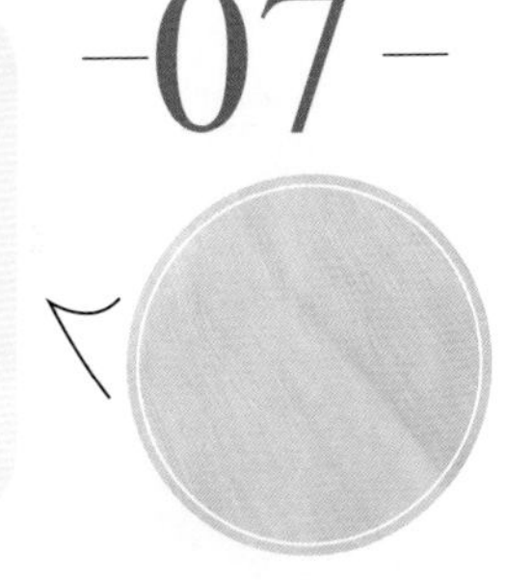

总而言之，从体感来说，天然面料最优，混纺次之，化纤最差。夏天建议首选亚麻、纯棉、真丝等兼具质感和透气性的面料。如果不刻意追求面料质感，更注重穿着、养护的便利性，也可选雪纺类化纤面料。冬季建议首选羊绒、皮革，混纺棉次之。春秋可以选择棉麻混纺，以适应季节转换。

汉服发式：
——挽鬟轻缕千丝发

说到汉服，则不得不提到中国古代的发髻。髻即挽束头发，做成各式各样的造型。发髻的梳理方法起源于夏商周三代，到隋唐已发展至巅峰。发髻与国运的联系尤为密切，比如，当一个朝代政局不稳时，就会出现“服妖”。《后汉书》中就有记载：东汉权臣梁冀之妻孙寿发明一种堕马髻，致全家被诛灭。出现“服妖”即代表不受礼法管束，古人由此认为“服妖”会减损国运。

发型是最重要、最直观的装饰，其自身也是一部历史。下面就来简单介绍一下各个时期的发型特征。

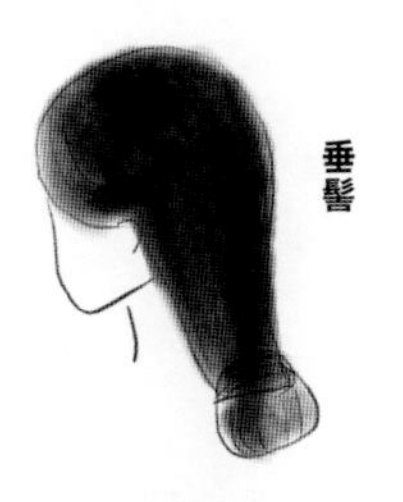

秦汉时期女子的发型以简约的梳辫盘髻为主，盘发至颅后，也称为“垂髻”；而官宦小姐、贵族嫔妃则流行更为隆重的“高髻”。

参考妆面：

眉毛画得长而浓，眉头和眉尾略淡。唇妆特点是嘴唇形状向内缩小，有樱桃小嘴之感，多见于西汉陶俑。

魏晋

魏晋时期的妇女发型样式逐渐增多，主要有以下几种。

◎ **灵蛇髻：**相传为文昭皇后甄氏所发明，发式如蛇一般盘曲灵动，故有此名。

◎ **飞天髻：**南朝刘宋时期流行发式，先将头发集中，再分为几股并绾成圆环，高耸于头顶。

◎ **云　髻：**魏晋时期妇女最为典型的发式，将发髻梳理成薄片，如连绵云海，有飘逸的美感。

参考妆面：

细眉、白面，加上腮红，以红色胭脂打造出一种晚霞般的效果。这种妆容也极大地影响了后来的唐朝妆容。

唐代发式形式繁多，但大体可归为两种：一种梳于头顶，即“高髻”，一种梳于颅后，即“垂髻”。

初唐发型的一个明显特征就是高耸。元稹曾在《李娃行》中写道“城中皆一尺，非妾髻鬟高”，李贺也有“峨髻愁暮云”的诗句，皆可作为佐证。因为唐代以高髻为美，许多妇女便想把发髻叠高，以显示家境殷实，于是便有了“义髻”，就是假发。贵妇会收集真发来做发髻，而一般妇女买不起真发，甚至会用木头发垫将发髻垫高。杨贵妃就是喜爱假发的代表。

◎ **半翻髻：**流行于唐初，据《妆台记》记载：“唐武德中，宫中梳半翻髻，又梳反绾髻、乐游髻。”

◎ **双环望仙髻：**盘高髻，并将头发分为两股在颅后成环。据《髻环品》记载，在唐玄宗时，这种发髻成为了宫中最盛行的发式，一直流行到宋朝。

高髻之中，因发髻造型、修饰物不同也有不同的名字：如梳髻时分为四股，分别缠于假发上的“福髻”；梳髻时在头顶梳成两个缨状发髻的“双缨髻”；梳髻时分为多股，分别盘卷成环，由中心向两边散开的“玉环飞仙髻”；还有在髻前插梳的扇形高髻，以及髻前／顶上簪花的簪花高髻。

盛唐的富丽堂皇也体现在发髻上大量应用的花朵。而唐人重牡丹，以为花中之王，富贵之主，所以贵族女子尤爱在头发上簪上新鲜的牡丹，以彰显其华贵。《奁史·引女世说》记载：“张镃以牡丹宴客，有名姬数十，首有牡丹。”周昉的《簪花仕女图》中，仕女们也都簪着牡丹。这些都说明了唐人对牡丹的喜爱。

唐 张萱 ▶
《虢国夫人游春图》

◎ **倭坠髻：**盛唐发型的代表，即两鬓梳向脑后，再向上耸起做成发髻。现在的日本和服传统发髻样式，便是沿袭唐代的倭坠髻。

到了中唐、晚唐，尤其在唐德宗贞元末年，京城长安流行堕马髻，就是依旧将头发束起，然后在一侧挽起的发式。张萱的《虢国夫人游春图》中就出现了这种发式。

唐末则流行随意散乱向上的发髻“闹扫妆髻”，白行简《三梦记》记载：“唐末宫中髻，号闹扫妆髻，形如焱风散。”

参考妆面：
运用鸳鸯眉或倒晕眉，以杏眼为美；铅白饰面，通过腮红晕染在两颊，形如桃花；此外还会在头上贴花钿，也会在太阳穴的位置涂抹两个月牙一样的印记，名为斜红。

宋代发式多承袭晚唐五代遗风，以高髻为尚，但相对唐代的富丽堂皇，更为注重风骨和实用性，显得清雅、自然。

◎ **包　髻：**流行于北宋后期，就是用绢布之类的布帛将发髻包裹起来，有的还装饰以鲜花、珠宝。

◎ **盘福龙髻：**流行于北宋崇宁年间，发髻大而扁，不妨碍睡觉。《女孝经图》中的仕女就梳此式，插着小白角梳。

◎ **同心髻：**南宋时南方未婚女子的一种常用发髻，陆游的《入蜀记》曾有描述。同心髻属于高髻，名字的寓意是希望和日后的爱人永结同心。晏几道《采桑子》也有："双螺未学同心绾，已占歌名。月白风清，长倚昭华笛里声。"

◎ **朝天髻：**头发向上梳到头顶，挽成一个圆形的发髻。《宋史·五行志·木》中记载："建隆初，蜀孟昶末年，妇女竞治发为高髻，号朝天髻。"如今，在山西太原晋祠圣母殿中的宋代彩塑上仍可见到此种发髻的典型式样。

◎ **垂肩髻：**发髻垂肩，属于低髻。

◎ **双蟠髻：**像是压扁的发髻，扎上彩带，如龙蟠凤翥一般，自展舒逸。苏轼有"绀绾双蟠髻，云欹小偃巾"之句。宋人《半闲秋兴图》中也出现了这种髻，上加花钿、珠饰。

◎ **流苏髻：**一种看似随意但却又万种风情的发髻。《谢氏诗源》记载："轻云鬓发甚长，每梳头，立于榻上，犹拂地。已绾髻，左右余发各粗一指，结束作同心带，垂于两肩，以珠翠饰之，谓之流苏髻。"

◀ 宋 佚名
《女孝经图》

此外，宋代流行的发式还有芭蕉髻、鸾髻等，非常之多。女孩、少女多梳双鬟、三鬟髻。黄庭坚有“晓镜新梳十二鬟”之句，潘振镛绘制的仕女图中也有梳三鬟髻的女子。

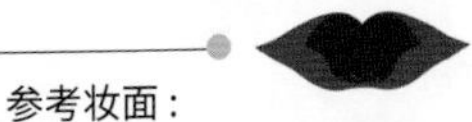

参考妆面：

眉为远山黛，眼妆流行丹凤，唇妆仅涂抹半唇，跟随削瘦为美的风尚，减去浓艳妆面与繁复的装饰，更强调自然肤色。

明代

明代发式承袭宋元，主张大气端庄，没有那么多花哨的造型，多用各种头面装饰来烘托其地位显贵。

◎ **挑心髻：**明代较为普遍的流行样式，在头顶将头髻梳成山状，配以顶簪、掩簪、花钿等装饰，也被称为“鬏髻”。

◎ **双螺髻：**类似春秋战国时期的螺髻，将头发分为两股，在两侧高处层层绕环，两髻之间装饰发饰，受江南女子喜爱。

◎ **牡丹头：**高大的发饰，发髻蓬松向后梳，再从颅后分成多股做成发髻，形似牡丹花。据说这种发式最初在苏州流行，后来才慢慢传到北方。明末清初著名诗人尤侗有诗云：“闻说江南高一尺，六宫争学牡丹头。”

◎ **桃心髻：**明代比较时兴的发式，将头发在头顶梳理成扁圆型包束状，再以花朵等饰品装饰。

参考妆面：

唇色繁多，眉形多简约，妆面以明亮为主，比较符合现代审美。

汉服高阶手册：

现代穿搭的奥秘

汉服高阶手册：
现代穿搭的奥秘

了解了这么多汉服相关的知识，想必你已跃跃欲试。这一章就来告诉你：汉服在日常中应当怎么穿？如何穿汉服才更适合现代生活？

挑选篇：如何挑选适合自己的汉服

依据体型

我们一般把人的体型分为X型、V型、A型、H型，了解这些体型可以帮助你解决挑衣困难。调整身形的方法有几种：

① 用深色收敛你认为过宽过胖的部位，用浅色、亮色提亮你的优点部位；

② 巧用饰品、花纹，引导视线转移到我们想凸显的部位；

③ 注意视觉平衡，全身的颜色协调很重要，如果不够大胆那就保守行事，最不容易出错的就是同色系穿搭；

④ 用褶子遮挡你觉得过胖的部位，除了胸部。

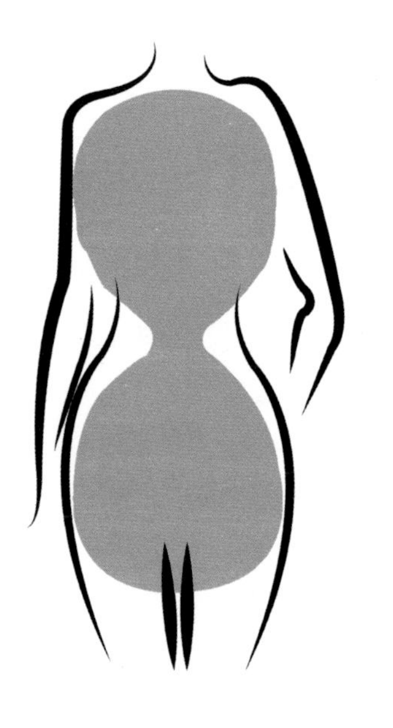

X型

X型有胸有臀，是典型的女性优秀身材。X型身材的女生穿什么都好看，但也要注意一点，你的腰线是你的亮点，要把腰线勇敢地亮出来。

如果觉得哪个具体部位稍显臃肿，也可以适当遮一遮。

V型

V型是男性标准体型，但女生也会有，往往表现为肩部宽、胸部大，但下身苗条，对比起来上身有沉重感。为了避免这个问题，上身最好选择暗色、冷色调，也不要有过多的装饰，比如绣花、贴片、印花等，下身尽量偏亮，可以把上半身减掉的装饰尽量都放在下半身。

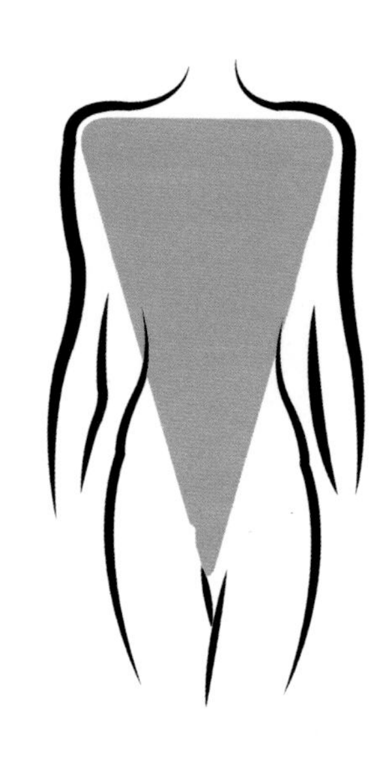

这类身材的女生最适合的形制是齐胸衫裙、坦领衫裙，以窄袖为主，下身颜色比上身稍亮。男性也可以选择加襕的袍衫，可以有效将注意力转移到下半身。

A型

A型即梨型，在女生中较为多见，通常表现为胸小、腰部较瘦，但腰部以下稍显臃肿，腿部粗壮。这种身形和V型相反，需要增加上半身的量感，可以让上身较亮、下身较暗，这样就能有效地将视觉重心向上移。

这类身材最适合的形制是内穿半臂的圆领袍衫（具有垫肩效果）、晋制衫裙、明制等，以宽袖为主，能撑起上半身就可以，耳环、领口还可以加一些较为夸张的配饰，用来调和比例。要点是弱化下身，强化腰线。

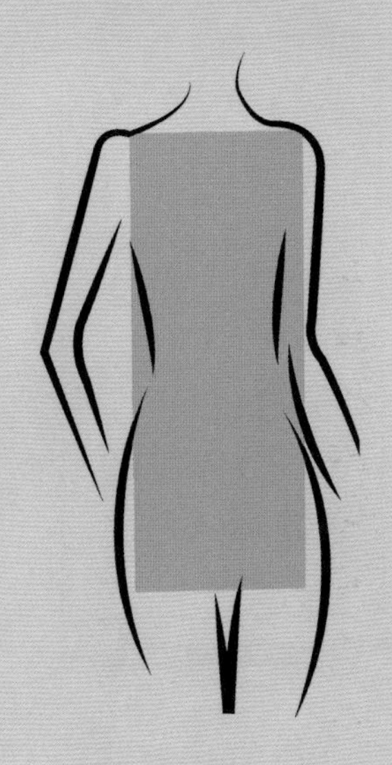

H型

H型身材就是直上直下，男女皆有，最大的特点就是腰线不明显。H型身材最适合的就是连裁的衣型单品，如深衣、褙子、披风、一般圆领（无需垫肩），可以选择加深色宽腰带（或者将腰带多绕几圈）、装点竖条纹的花纹的方式来凸显腰线。要点在于用各种方法提高腰线，弱化腹部，既要显瘦，但也不要过于明显。

除了了解自己的体型之外，在挑选汉服时，最好还能做到以下几点：

- 确认一下自己到底适合怎样的风格
- 选择款式或形制，列一个清单
- 整理一下已有的汉服，给清单做排除法
- 不断购买，同时不断提升自己的审美

依据肤色

一些人喜欢参考穿搭教程进行搭配，但常常会发现，同样的配色，模特穿上十分亮眼，自己穿起来总感觉怪怪的，这是为什么呢？其实，在开始挑选衣服之前，你还应当了解自己的肤色，由此确定适合自己穿着的颜色。

怎样了解自己属于什么肤色？一种方法是将一张白纸放在自己的脸旁进行比对，如果肤色偏黄就是暖皮，如果偏粉就是冷皮，中间的就是自然皮；另一种方法是在阳光下伸出胳膊，观察自己手腕处的血管颜色，如果蓝绿色比较多就是暖皮，如果紫蓝色比较多就是冷皮，紫色绿色都存在就是自然皮。

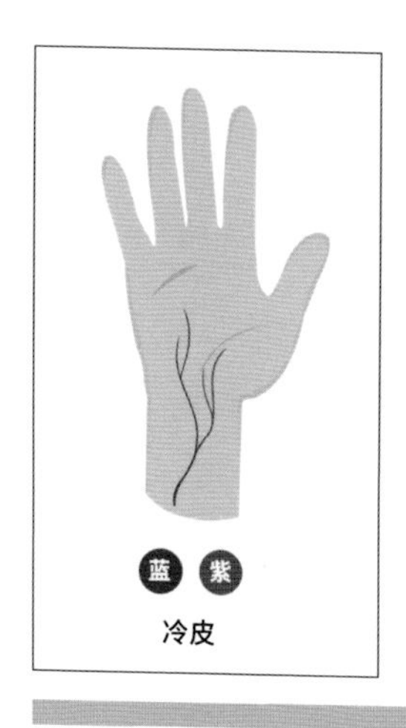

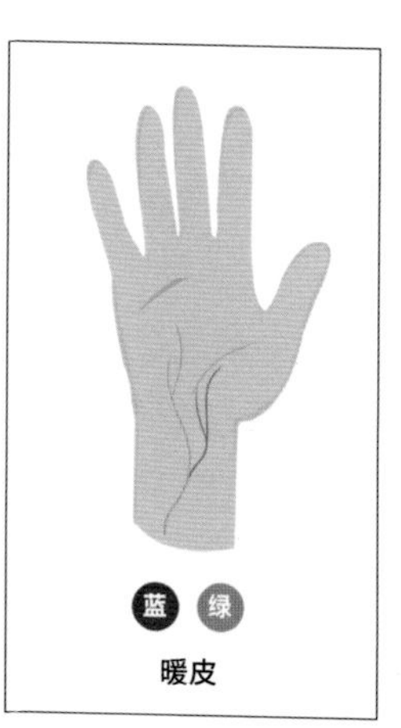

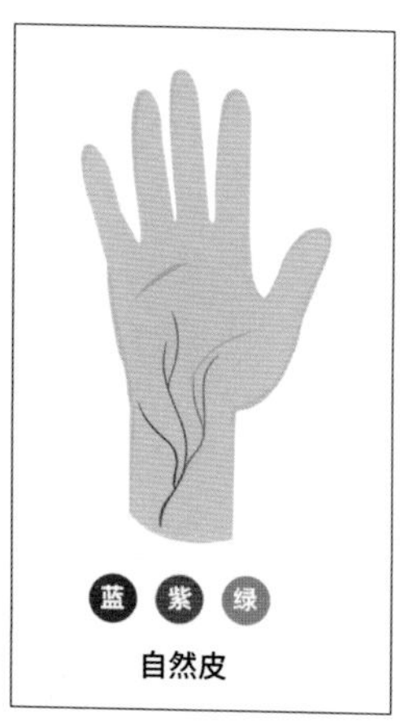

- **暖皮：**适合纯白、乳白 / 米白、浅粉、浅蓝、浅灰、马卡龙色；
- **冷皮：**各种颜色基本都适合，但应避免较浅的、冷色调的颜色；
- **自然皮：**可以多试试深色系，避开马卡龙色、米色。

此外，还可以直接观察自己的肤色，来判断适合自己的颜色。

- **白里透红：**俗话说“一白遮三丑”，白皮什么颜色都适合；
- **偏红：**可以选用浅色系，比如浅黄、鱼肚白，搭配小碎花的图案，避免穿较为鲜艳的颜色；
- **黝黑：**适合暖色系，比如浅红、橙色等，不适合穿湖蓝、青色、深紫色；
- **偏黄：**暖色、淡色较为适宜，避免穿亮度大的蓝色、紫色；
- **红润：**适合浅棕色等暖色系，不适合穿紫罗兰、亮黄、纯白、淡灰；
- **小麦色 / 古铜色：**适合大地色系、深色系，尽量避免亮度较高、较鲜艳的颜色。

其实，即使是同一类肤色的人群，肤色也有许多细微差异。而同一种颜色，在明暗、色相、饱和度等方面也有区别。如果感觉自己不适合蓝色，可以试试浅蓝、深蓝、明蓝等不同颜色，再下判断。但不论怎样，在穿搭中要养成良好的配色意识，都是从了解自身肤色开始的。

配色篇：活用传统颜色巧穿搭

红

属于中国人的罗曼蒂克

不得不说，如果有什么颜色能让长辈可以无视你穿什么，见面就会夸一次“好气色”，那就是中国红。

“红”的情感很深，能深到你的骨子里，好比冬日雪地上的一团烈火那样惊艳。李商隐曾写道：“曾是寂寥金烬暗，断无消息石榴红。”孤枕难眠，一直到烛火燃尽；等你的消息，一直到石榴花红。烛火和石榴花都是红，但石榴花红得更为浓烈。其实古人早就知道，“红色”满怀希望和热情。

中国传统五色中，为何唯有红色成为中国如今的代表色？早在先秦时期，《孙子兵法》就曾记载：“色不过五，五色之变，不可胜观也。”赤、黄、黑、白、青，每一种颜色都很常见，但在中国，看到历史上留下鲜艳的明代建筑，大到红墙、朱门、灯笼，小到漆器、花钿、胭脂，没有一种颜色像“红”一样夺目，能应用在生活之中的大小场合，既浓烈又喜庆：

《礼记》记载：“周人尚赤，大事敛用日出，戎事乘騵，牲用騂。”周朝以后的宫殿，就已经开始普遍使用红色了。每个朝代都会随着政权更替改变主要颜色，但“红”作为最早使用的颜色，对于生活的重要性却没有变过。

中国的妆面，往往都是以花黄、铅白映衬朱红，其实在配色上很有道理。一项对中国人皮肤的测试发现，60%以上的中国人肤色都偏暖，即所谓橙、红、黄色系范畴。我们可以理解为这就是“亚洲黄”，但这种“亚洲黄”最偏爱、最适合的还是红色。

红色又有别称：绛、赤、朱、丹、彤、赭、绯等。不同的红色与织染的深浅有关，也与织染的调剂方法有关，常见的有以下几种：

- **妃红：** 比大红色更淡一些的粉红色，古同“绯”，与杨妃色、湘妃色同义。
- **胭脂：** 亦作“臙脂”，泛指鲜艳的红色。胭脂是作为化妆品的面脂和口脂的统称，一种是以丝绵蘸红蓝花汁制成，名为“绵燕支”；另一种是加工成小而薄的花片，名为“金花燕支”。
- **石榴红：** 即红色石榴花的颜色，有鲜艳明快、明艳照人之感。用这种颜色染成的石榴裙，也是唐代年轻女子常穿的服饰。无怪唐人万楚在《五日观妓》中说：“眉黛夺将萱草色，红裙妒杀石榴花。”

妃红　胭脂　石榴红

如果有什么颜色亘古不变，那就是“红”。但由于红色过于耀眼和浓烈，也容易引起视觉疲劳，所以怎么搭配“红”，是一个更重要的问题。

红配黑、白： 这种搭配比较常见。红与白搭配会显得明亮、有朝气，更适宜日常穿着；红与黑搭配会显得成熟稳重，更适合比较正式的礼仪场合。此外，市面上一些红色格子的面料，其实也很有中西合璧、“经典1+1”的味道。

红配蓝、紫： 朱红配宝蓝、玫瑰紫，其实是中国的“官配”。上穿袄子，下配蓝色马面，两种亮色混在一起，其实很能衬托出气质，但更适合较隆重的场合。如果是日常穿着，可以选择灰度更高的红、蓝，会有安静雅致的感觉，或者选择明度更高的红、蓝，就会有马卡龙少女感。这两种颜色对比较强，建议不要加花纹，最多缀一个补子，越干净越好。

红配绿： 这种配色在古代陶俑中也有出现，但一般人很难驾驭，在搭配时要特别注意红的比例。有一种配色方法是“一七法则”，就是以1:7的比例对红色和绿色进行搭配，用大面积的绿搭配小面积的红。此外要注意，与红色搭配的绿不应使用明度过低或饱和度过高的绿，而应使用墨绿，这样搭配才会更加协调。

红配黄：一不小心成为“番茄炒蛋”，不过不用怕，古代其实对明黄的容忍度很高，只要避免大面积的红配小面积的黄即可。参考前文提到的“一七法则”，用大面积的黄来冲淡红的视觉吸引力吧。另外，也可以尝试使用金色或鹅黄色，这类黄色能驾驭各种小面积的红，可以参考宝钗那套“蜜合色棉袄，玫瑰紫二色金银鼠比肩褂，葱黄绫棉裙”。

总而言之，在中国文化中，红的影响历久弥新，是中国人专属的“罗曼蒂克”。

黑

闯入黑夜的神秘之美

如果要问什么颜色最神秘、最具有内涵，那一定是黑色。在金文里，“黑”字的字形就像极了烟囱，因为“黑”最初指的，大概就是烟囱里被烧黑的颜色吧，正如《说文解字》里所说：“黑，火所熏之色也。”

“黑”的现代定义是“没有可见光进入视觉范围时的颜色”，那是茫然的黑寂，所有的颜色都在此黯淡无光。但中国的黑，却是有情感的：它看似“黑”，却不是吞噬一切的“黑”。杜甫在《茅屋为秋风所破歌》中写道：“俄顷风定云墨色，秋天漠漠向昏黑”，才知一切颜色，或许最终都指向黑；中国还有个颜色，就叫“玄”，“玄”就是从寂黑的夜里生出的那一抹黑中透红的颜色，其中可能还夹杂着黄色、青色等，可知黑也与万种颜色互生互息。

黑与不同的颜色之间，也延伸出不少以黑为主的调和色。

- **黛：**在青色与黑色之间的颜色，王维的“千里横黛色，数峰出云间”，正是描述远眺群山时目之所及的颜色。
- **黧：**黑中带黄。
- **酱：**在黑与赭色之间的一种颜色。
- **鹊：**鹊羽之黑。
- **百草霜：**据《本草纲目》记载，百草霜就是烧完百草后，从锅底刮下的余灰熬制的药物。

黛　酱　玄

黑配红：黑色与红色的搭配由来已久，也是最经典的搭配。秦汉时期，黑色和红色都是最重要的主题色：秦尚黑，所以塑造了肃穆的秦；而到了汉，黑与红搭配，广泛应用于礼仪场合，让黑显得不那么孤单，也让红有了不失张扬与大气的归宿。

两种颜色都颇具气场，可各取其半穿着，也可以将其中一种颜色作为装饰。因红色在视觉上易产生膨胀感，而黑色显瘦，所以穿着时，不建议在上半身使用过多红色，可将红色放在下半身，用于调整视觉重心。

黑配金：除了红色以外，最适合与黑色搭配的，莫过于金色。金色取自黄金，考古学家从四川广汉县三星堆遗址中发掘出带有黄金薄片贴饰的青铜面具，揭开了贴金工艺的起源。在古代，金色广泛应用于建筑、造像之中，只要沾染金色，便是最华贵的搭配，正如《天工开物》所言："凡色至于金，为人间华美贵重，故人工成箔而后施之"。

因为金色太过抢眼，在日常搭配中可将金色用作点缀的装饰，而以黑色作为主色呈现。应注意全身颜色不要多于三种，可以选择白色、米色等作为中和色，金色作为搭扣、腰带等配饰的颜色出现在搭配之中。

黑配白：黑与白对比最为鲜明，所以很容易搭配出时尚感。波点、斑马纹、竖条纹等黑白搭配的时尚元素也可以应用于汉服的下裙。

黑是一种在搭配中非常具有操作性的颜色，它吸收了各种颜色的特质，也能衬托出不同颜色的质感和内涵，所以称得上是一种兼容并包的颜色。

白

素布之上，源远流长的神韵

子夏曾问孔子：“巧笑倩兮，美目盼兮，素以为绚兮，何谓也？”孔子回答：“绘事后素”。

我们常说素颜、素妆、素色……素就是白色的底色。

白也是白瓷的颜色。自宋代起，白瓷由海上丝绸之路名扬天下，高温与瓷土之间，竟糅合出这样一种温雅的颜色。史书曾载：“‘中国白’，乃中国瓷器之上品也。”时至今日，白仍是我们心里那抹最为干净、纯洁的颜色。

- **霜色：**晶莹的露水凝结成清霜的颜色。
- **鱼肚白：**鱼肚子上的白，略带粉色，浪漫而富有生色。
- **荔肉白：**荔枝肉上的白，带点橘粉。
- **象牙白：**象牙色，较暖的白。
- **莲子白：**带青的白，泛着莲叶的清香。
- **月白：**一种带月光冷色调的浅蓝色。
- **荼白：**带点灰青的白。
- **莹白：**比雪白略青的颜色。

鱼肚白 荔肉白 莲子白

与西方颜料中的纯白相比，中国的白，更为细腻，富有变化。

在穿搭中，白色可应用于全身，也可以和各种颜色一起，成就缟素中的“绘事”。

白配大地色：白色与大地色搭配时，可以更多展现出一种自然感、安全感，比较适合朴素、休闲而内敛的人。

白配牛仔色：白色与牛仔布的搭配，相当清新，是很适合夏天的配色。

白也是富有神韵的颜色，中国画的意境里，最美是留白。

穿搭法则

- 白色是一种极讲求质感的颜色，所以全身穿着白色时，一定要注意白色面料的质感。应尽量选择抗皱的面料，减少花哨颜色的使用，这样穿会显得更加高级。
- 白色与其他颜色搭配时，容易抢色，不宜作为大面积色调，比较适合用于上半身。

紫，是丁香的淡雅，也是紫藤的秀丽。它出自红与蓝，兼具两种颜色的质感，是一种可高贵可从容的颜色。

紫色是宫闱中的那抹兼具高贵与美感的神秘：“三千艳女罗紫宫，倾城一笑扬双蛾”。明清时期的权力中枢——紫禁城，也是以“紫”为名。

即使是仙人也皆带紫气，杜甫的《秋兴》中有：“西望瑶池降王母，东来紫气满函关”，描绘的就是西王母伴随紫气驾临瑶池的祥和画面。

古代服饰上的紫色，在早期是用紫草根部的汁液染制的。这种工艺不易固色，往往需要染制多遍，所以有“五素不得一紫”之说，认为一匹紫色绸料的价格要高于五匹素绸，这也可以说明紫色的难得了。

汉代之后，紫色更是与朱色齐名。南北朝后，紫色常常出现于官服之上。到了唐代，紫色的地位更是超过了朱色：“三品以上服紫。”

紫色中的典型为青莲，是一种花名。李白自号“青莲居士”，又写出“戒得长天秋月明，心如世上青莲色”“了见水中月，青莲

- **丁香色：**即浅紫色，因颜色近似丁香花而得名，具有扑面而来的清新之感。
- **藕荷色：**犹如藕花深处泛了些入夜的凉意，是一种近紫的粉，或近粉的紫色。
- **烟紫：**即香炉紫烟，缥缈、浅淡的紫，取自李白的《望庐山瀑布》。
- **铁紫：**较深的紫色。

青莲　丁香色　藕荷色　烟紫

出尘埃”的诗句，可见他对紫色的喜爱。古代一品文官的官服，正是以青莲为底色，上有仙鹤盘绕。

很多人担心驾驭不了这种颜色，认为紫色更适合肤白的人。其实，浅色的紫，也可呈现不同的质感和温婉，而且柔中带刚，温柔不失个性。

关于紫色的搭配，不需要太多的配饰，因为单从颜色来说，就足够特别。保守的配色，比如紫+灰、紫+黑、紫+白、紫+粉、紫+卡其色等，都可以轻松上身。

深紫配黑：非常彰显个性，适合秋冬季节。

浅紫配白：更显浪漫唯美，属于小女子的柔情。

深紫配白：高贵而雅致，是大家闺秀的气质。

浅紫配灰：优雅而冷艳。

可以说，一袭紫色，不仅生出了高贵神秘，也带着小家碧玉的秀气，它是飘忽在空中的高级感，也是实打实的实力派。

穿搭法则

- 如果想更进一步，那就加点繁花吧！冬季的千鸟格、春季的绚烂花纹、夏季的小碎花，以及织金，都可以让浅色的紫透露出一种成熟的情调。
- 如果还想大胆一些，那就试试黄 + 紫、绿 + 紫、蓝 + 紫，这些配色都是秀场偏爱的吸睛撞色，运用得当可以非常出众，但是风险也很高，拿不准的话还是要慎重。

黄 中国的黄，不是你想象中的黄

黄色，既明媚鲜亮，又可靠沉稳，像一道光，划破了时尚被定格的瞬间。

唐总章元年规定：“始一切不许着黄”。有一种说法认为，赤黄接近太阳，天上只能有一个太阳，地上也只能有一个皇帝，所以只有皇帝能穿黄。

自宋太祖之后，黄色在皇室中的地位进一步提升。再到后来，染色的方法越来越多，清代皇室已经出现了御用的明黄色，慢慢又有了我们如今见到的深浅不同的黄色。

事实上，我国古代，能染天然黄的染料有很多，除了黄栌和拓木，还有黄檗木材、藤黄树脂、姜黄根茎、槐树花蕾、栀子果实，等等，因而黄色的种类十分丰富。

《金瓶梅》中对衣服的黄色有着丰富的描述：沉香色、密合色、蜜褐色、黄褐色、鹅黄色、柳黄色、干黄、烟色、黄、杏黄。《金瓶梅鉴赏辞典·服饰饮食》作出了解释：密合色即浅黄白色；

蜜褐色即密合色；黄褐色是带黄的褐色；鹅黄色是类似于鹅掌颜色的鲜黄色；柳黄色，即柳枝嫩芽的颜色；干黄色是指制作靴子而用皮的颜色；烟色，泛指灰黄色或淡的棕色；杏黄，或称朱黄色，类似于杏子黄熟的一种颜色。

关于黄色的色彩搭配，要求其实并不多，总体来说适用于各种肤色。

黄配灰：黄色和灰色一直是绝配。灰度较高的莫兰迪黄最为保险，适用于多种场合。这种颜色兼具灰色的雅致，不至于在一些正式场合显得过于鲜艳出挑。

黄配黑、白：可以尝试在搭配中加入黑、白等中性色的衣服或饰品进行过渡，比如中衣、衬裙围巾、抹胸等，以增加一种日常的休闲感。

黄配牛仔蓝：牛仔蓝也是黄色的好搭档，两种颜色对比鲜明，可以增加视觉的冲击感。戴安娜王妃和查尔斯王子的着装中曾运用过这种配色，既显稳重，也不失风雅和明媚。

鹅黄色　藤黄　姜黄　柘黄

穿搭法则

- 黄色的饰品，可作为点睛之笔，哪怕是抹胸、包包、鞋子尖，也可以在具有灰度的颜色中出彩。但为了突出质感，全身的颜色数量还是越少越好，黄和灰之外最多搭配一种颜色就够了。颜色多显得活泼，颜色少更适合保守且高端场合。

自古以来，除了帝王社会的一些要求，颜色并没有真正意义上的高下之分，只有深浅或冷暖之别。到了现代，人们或许已经厌倦了饱和度过高的颜色，审美趋于平缓和稳定。在安定的社会环境之下，人们浓烈的物欲也缓和下来，开始事事讲求“安心”。就像红极一时的赭黄，最终还是会回到山野之中。

橙

是初心如炬，
也是万家灯火

橙在古代并非“正色”，而应属于“间色”，但它重叠了红和黄两组暖色，因而也成为了不可或缺、为人钟爱的颜色。常见的橙色都与自然界息息相关，如取自天地的赪霞、扶光，取自植物的橘橙、杏黄，取自动物的蟹螯、金驼……

赪霞　扶光　橘橙　杏黄

在《说文解字》中，“橙”是“橘”的一种，橙树像橘树又比橘树高大，果实像橘又比橘香。宋代陆佃在《埤雅》中描述：“橙可登而成之，故字从登。”这便解释了“橙”的字形由来。

橙色系又不止于橘，还包括了红黄之间的各种颜色，比如“杏黄”，指的是黄中泛着微红的颜色。因为橙色让人联想到阳光、果实，所以也成为秋日的代表色，象征着浪漫、活泼，如同音符一般跳跃在朝阳和落日之间，光彩夺目。哪怕入夜，人类文明的万家灯火，也是一番绚丽、温暖的橙色景象。

敦煌壁画中，各种明艳的颜色在石壁上生生不息地呈现，橙色在其间与山海相遇，与草地邂逅，便是画中最为惊艳的颜色。在不少古代建筑的琉璃瓦上，也有橙加绿色系的强烈对比色搭配，这出自传统色红绿配的一种延伸，跟国人含蓄又不张扬的审美相契合，所以再看到这样的搭配，更多是可遇不可求的喜悦之情。橙色代表着快乐和希望，充满了生命深处迸发出来的热情。与深色调搭配，可以映衬出华美、灵动的气质，例如，橙与绿的搭配，就仿佛丛林中的那朵橙花。如饱和度足够的橙和蓝，就是一种端庄、贵族身份的象征。

橙配大地色系：橙色与邻近色搭配，如沉默的大地色，又能起到活跃的作用。

橙配白：橙色和白色，都是属于夏季海边绚丽的着色，但两种颜色尽量不要各占一半，最好主次分明 。

穿搭法则：

- 橙色的色彩搭配以凸显轻盈感为主，所以尽量不要搭配过深的颜色，否则视觉上容易突兀，压抑橙色的“朝气”。如果想要出挑，只需增加饱和度即可，更能凸显个人的阳光朝气和不同凡响的魅力。

蓝

装得下大海，也装得下一整个现代时尚

蓝在中国古代称为“青”，也是天空的颜色。白天与黑夜交替时的蓝，既漂浮也深沉——有清新的蔚蓝与碧蓝，也有庄重典雅的宝蓝和靛青。这是一种无论男女，都不会拒绝的颜色。

在古代，提取蓝色的工艺难度很高，所以蓝色也显得格外珍贵。一般而言，纯度较高的蓝取自矿石，一般为贵族所用；纯度一般的蓝取自植物，多应用于民间，比如青花瓷、工笔画、染布上的蓝色。

宋代郑樵《通志》中曾记载三种民间用于染蓝的染料："蓝三种：蓼蓝染绿；大蓝如芥，染碧；槐蓝如槐，染青。"三种蓝色深深浅浅，可以相互配合，反复染制，直到染出适合的颜色为止，所以会有一句话叫"青出于蓝而青于蓝"。

- **靛青：** 蓝绿色。
- **蔚蓝：** 明亮的青蓝色。
- **碧蓝：** 晴朗天空中透绿的蓝。
- **宝蓝：** 鲜艳明亮的蓝色。

靛青　蔚蓝
碧蓝　宝蓝

蓝色用在衣服上，又会是怎样惊艳的一笔呢？

在中国历史上，就有一种蓝——宝蓝色，无论用在上衣还是裙装，都是气

质感卓越，美到极致。这种蓝也曾应用到龙袍上，用以呼应天地的颜色。

全蓝色系：全身穿着蓝色，在视觉上会有拉伸感，可尝试配一件同色系的浅色外搭。

蓝配黑：蓝色和深色系的搭配，可以在花纹上营造一种现代感。

蓝配金：金色与蓝色相配，无论是作为花纹还是下裙，都隐隐透露出一股贵气。

蓝配粉：粉色和蓝色互为上下装的搭配，最能凸显减龄效果。需要注意的是颜色要柔和，把握不好就用马卡龙色。

说了这么多，出门怎么能不穿点蓝呢，快快准备起来吧！

穿搭法则

- 除了用不同颜色的单品与蓝色单品进行搭配之外，如何用一件单品诠释专属于你的蓝色？不妨在面料上多动些心思。神秘而多变的蓝色与不同光泽质感的面料往往可以碰撞出令人惊艳的视觉效果。可以尝试选择亮蓝色面料，甚至是蓝色的镭射面料来收割人们的目光。不用犹豫，洒金、洒银等元素也可以大胆使用！如此，便可以成就与众不同的蓝色时尚。

绿

它的生命力，可贯穿一生

绿，是花与草的梦想。《说文解字》里提及："绿，帛青黄色也"，即蓝色与黄色调和的颜色。这也暗示了这种颜色得来并不那么简单。

古代如何提炼这种颜色呢？由于绿色植物很少能直接染出绿色，一般而言，古人会以靛蓝打底，加以冻绿、栀子、槐米等黄色染料以温水提炼，从而染出深浅不同的中国绿。

- **官绿：** 深而明亮的绿。康熙年间《广群芳谱》中提到："粒粗而色鲜者为官绿，又名明绿，皮薄粉多。"
- **水绿：** 潺潺流水透出的浅绿色。
- **葱绿：** 青葱的颜色。
- **柳绿：** 柳叶的颜色。
- **松绿：** 松竹的颜色。
- **秋香色：** 类浅橄榄色，为绿和黄的间色。《红楼梦》第四十回："那个软烟罗只有四样颜色：一样雨过天青，一样秋香色，一样松绿的，一样就是银红的。"

官绿　水绿

葱绿　松绿

张爱玲曾说过，现代人往往不喜欢古人的配色，红配绿，绿配蓝，看了俗气。殊不知古人的配色，讲究的是“参差的对照”，譬如，宝蓝配苹果绿，松花配大红，葱绿配桃红。这种颜色搭配，其实很考验两种对比色的明度深浅。保持在一个明度，会让颜色搭配看起来更为协调。

要说精灵古怪的绿，搭配起来好不容易：

绿配黄：《诗经》里这样搭配——“绿兮衣兮，绿衣黄裳”，既大胆又有新意，格外适合夏日的荷塘。《红楼梦》六十七回中，袭人去探望凤姐，来到沁芳桥畔：那时已是夏末秋初，池中莲藕新残相间，红绿离披。

绿配红：在古代，红配绿是重要的服饰配色，在古画中并不鲜见。最初，这种配色只出现在宫廷，但到了晚明，伴随服饰制度的松懈，大红大绿也在民间流行开来。

绿配白：如果觉得绿色单一，还可以尝试搭配其他颜色的着装。以绿色为基调渐变的裙子搭配白色上衣，怎么穿都很耐看。

穿搭法则

- 加点波普风或者间色花纹，会让绿色更显清新自然。

- 想要仙气飘飘，摒弃一切凡俗纷杂，就忍不住披一件薄纱般轻盈的褙子，让肌肤都呼吸起新鲜空气。

- 也可以尝试高饱和度的绿色，让自己仿佛置身森林之中。不妨为这么饱和的绿再加点料，色泽也会更显活力!

渐变

撩拨春光，穿着正好看

夏日，用渐变色为万物披上斑斓新衣。光影之间，好像来到了一场穿越时光的舞会。而这番颜色之跳跃，无论是科技感十足的镭射，或是色彩盘上的水墨淡画，正是时尚与传统的碰撞融合之美。

说起渐变色，不得不提唐朝。其实，“颜色”一词最初指的是容貌面色，直至唐朝始作为自然界色彩的统称。唐朝文化开放包容，衣食住行的生活美学也是空前繁盛。

当时，不同领域对于颜色的深度开发利用，诞生了最具代表的唐三彩、草木染、唐妆等，同时也缔造了中国最早的颜色体系。久而久之因草木浓淡织染，又发展出了同色系“渐变”。正如《淮南子》所言：“色之数不过五，而五色之变，不可胜观也。”

宋 王希孟《千里江山图》（局部）

到了宋代，王希孟《千里江山图》里的渐变色，则是“雨过天青云破处，这般颜色做将来”，用淡墨加赭石或花青渲染，渲染后再染赭色，在石头顶部以汁绿继续染，终用石青或石绿罩染，层层渐变，流畅变幻。少年的手笔之下，万物与我和谐统一，俨然是世间少有的理想模样。

提到渐变色，总有人会想到长辈的丝巾上那些极难驾驭的颜色。其实，真正的渐变色缤纷夺目，在炎炎夏日，穿在身上，尤为清爽动人。

如果感到身着白色有些单调，那么渐变色就是最好的调剂。阳光下的渐变色闪耀而迷离，与白色搭配，便是一静一动，如夕阳下的海面泛着粼粼金光，最为合宜。在吸睛的渐变色的配合之下，再简单的纯色，也能焕发出十足的艺术感。

全身有如退潮般视觉效果的渐变穿搭，比起纯色的穿搭，有了变幻莫测的多样表情，更能令人心境平和，期待下一秒的舒适与静谧。另一方面，竖向的渐变，也能凸显身材的高挑，若系上腰带，则更能加强这种效果。

厌倦了服饰配色的单一，不妨来一双渐变色的鞋子。渐变色鞋子无疑是全身穿着素色时最好的装饰元素，虽然简约，却如脚踏云彩。此时，应注意衣服颜色与鞋子渐变色的配合，浅色配浅渐变，深色配深渐变，这样搭配怎么看都不容易过时。

真正的渐变色缤纷夺目

色彩是造物的赋予，不论是描绘山水，还是为微风吹拂下的裙衫着色，何尝不是一桩美事？

在炎炎夏日，

穿在身上，尤为清爽动人。

节日篇：传统节日穿搭法则

春节：焕新踏春乐此行

春节穿新衣，是代代相传的习惯。这种传统最早追溯到殷商，起初只是一种祭祀活动，也没有固定时间，直到汉武帝推广“太初历”，才确立了正月初一为新年。此后，不管是南北朝“长幼悉正衣冠，以次拜贺”，还是宋代《东京梦华录》中描绘的场景，“穿新衣”都成了新年的标配。

在古代，我们会怎么穿？从《后汉书·礼仪志》中可见端倪：“立春日，夜漏未尽五刻，京师百官皆衣青衣，郡国县道官下至斗食令史皆服青帻，立春旛，施土牛耕人于门外，以示兆民。”正因为春日万物生发，青绿色覆盖大地，所以青色衣服也是重要的仪式服饰之一。而春在传统观念中对应东方，这篇文章写的便是百官着青色的衣衫，前往东门之外迎春。

立春日，彩燕迎春，人们还会将彩绸剪成燕子状，做成头饰迎接春日。《荆楚岁时记》中就写道：“悉剪彩为燕戴之，帖‘宜春’二字。”

不仅是着新衣，还有焕新人。为了祈愿，人们会将彩绸或金箔裁剪人形，戴在头上、贴在屏风，形成春日一道独特的风景。正如《荆楚岁时记》中记载：“翦彩为人，或缕金箔为人，以贴屏风，亦戴之头鬓，又造花胜以相遗，登高赋诗。”

春日怎少得了花？春花盛放，人们还可采花、簪花，无论男女老少，皆以戴花为乐。宋代《东京梦华录》载：“士大夫家翦彩为春旛，或缀于花枝之下，或翦为春蝶、春钱、春胜以为戏。东坡立春日，亦簪旛胜过子由，诸子侄笑指云：‘伯伯老人亦簪花胜耶？’”

迎春之后，便是团聚。在春日前后，气温回升，这时要吃有“辛味”的东西，饮椒柏酒，吃春卷，也就是“咬春”。

\春节穿搭法则/

- 穿青绿衣服，应春时气息，并可饰以燕子图样的绣花纹样或配饰，头上簪花、戴彩带，与友相携，其乐融融。

元宵：灯火阑珊穿上身

元宵穿搭法则

- 上身穿白绫袄，可搭配月白或朱红织锦马面，绣有灯笼纹样，外面搭一件呢绒的比甲，保暖又温馨。

永平十年，蔡愔从印度求得佛法，汉明帝设令在元宵点灯，以表示对佛的敬意，自此开启了中国古代元宵灯会的传统。

每当元宵时节，无论王公贵族还是平民百姓，皆以灯为景色、以灯衬服饰。张灯、赛灯、观灯成为主要习俗。三五朋友举酒作诗，女子也可趁这个节日出门赏灯，由此男女共游，点缀了元宵节的浪漫。“月上柳梢头，人约黄昏后”，欧阳修在《生查子•元夕》一词中的描述甚美。

以灯衬服饰，是这个节日最别致的亮点。灯笼的样式多到眼花缭乱，普通人家挂纱布灯、纸灯，富贵人家还会以珠宝装饰，绘上神话中吉祥的人物、动物图案。

“火树银花不夜天”，灯服穿上身。灯服是这个节日最独特的时尚元素。万历年间，南京御史孟一脉给明神宗上疏载：“遇圣节则有寿服，元宵则有灯服，端阳则有五毒吉服，年例则有岁进龙服。”所谓的“灯服”就是装饰有灯笼花样、专门在元宵节穿着的衣服。

元宵夜，除了灯会，还有“走百病”的习俗。女子身着的白衣裙，映衬着灯火之色，显得更加斑斓喧哗。

此时最应吃糯米团子。郑望之《膳夫录》中载：“汴中节食，上元油锤。”这里说的“油锤”就是油炸糯米团。灯会上，捧着热气腾腾的油炸糯米团，一口下去，外脆里嫩，满口软糯，既捂暖了手和胃，也捂暖了冬日的心。

花朝：花染霓裳迎花神

一年之中，没有一个节日像花朝这样赞美花，也没有一个节日，没有确定日期，只是为了迎接花而举办。而且，花朝节不只有花，还有自古为伴的月为之烘托，渲染气氛。晋代周处《风土记》曾记载：“浙间风俗言春序正中，百花竞放，乃游赏之时，花朝月夕，世所常言。”这是“花朝月夕”这个组合最早的出处，也成就了千古的浪漫。

为百花庆生是花朝的缘起，也是它的归属。每个季节每个月份都有代表名花，而民间相传的十二花神，有诗人入榜，如陶潜喜菊，便是菊花花神，李白喜莲，便是莲花花神；也有美人入榜，如杨玉环喜牡丹，便是牡丹花神……种种说法，也展现了古人由这个时节萌发出的丰富想象力。

花朝节最重要的便是“赏红”，文人雅士相约前往各名园盛地赏花，并在花下设置坐席，女子则游春信步，祭祀花神，以花入食，吃鲜花饼、百花糕。这一时节，在水边品茶、抽签、斗草、传花令，歌舞笑声，落花漫天。此时若沾一身花瓣儿，醉倒于花下，便成一段佳话了。

赏花作乐之余，扑蝶也是花朝的另一种雅趣。宋代开封一带的扑蝶会，以扑蝶入画、以赏蝶为景，成为雅谈。

\ 花朝穿搭法则 /
◆ 以嫣红、黛紫为主色调，与姹紫嫣红的景色相衬，如有蝴蝶纹样或配饰则更妙。
花虽无百日红，
但在花朝，却足以绚烂。

上巳：长安水边丽人行

上巳是古老的水节，指的便是第一个“巳日”，一般为农历三月三日。据《续汉书·仪礼志》记载：“是月上巳，官民皆絜于东流水上，曰洗濯祓除，去宿垢疢，为大絜。”书中还提到上巳日进行的“祓除”仪式，用“衅浴”，即以药草熏身后进入水中洗濯。王羲之《兰亭集序》中也描绘了“修禊”的情景，人们相约水边，清濯迎新。文人墨客之间还因水结谊，魏晋时期更有曲水流觞的活动。

\ **上巳穿搭法则** /

- 着浅绿或浅蓝色，衣上最好饰有书法印花或绣花纹样。

《荆楚岁时记》记载：“三月三日，士民并出江渚池沼间，临清流，为流杯曲水之饮”，这便是上巳水宴的盛景。到了唐代，上巳游春更为帝王推崇，唐玄宗李隆基为此凿曲江池，邀士人作应景之诗，长安文人也因此纷纷效仿。

王维也在《三月三日曲江侍宴应制》中描绘了上巳水宴的宏大场面：“万乘亲斋祭，千官喜豫游。奉迎从上苑，祓禊向中流。草树连容卫，山河对冕旒。画旗摇浦溆，春服满汀洲。仙籞龙媒下，神皋凤跸留。从今亿万岁，天宝纪春秋。”

这场盛会并不仅是面向男子：男子吟诗作赋，妇人们则在水边展现一番“丽人行”。杜甫《丽人行》诗云：“三月三日天气新，长安水边多丽人。态浓意远淑且真，肌理细腻骨肉匀。绣罗衣裳照暮春，蹙金孔雀银麒麟。”这极尽豪奢的场景，也说明了唐代上巳风俗之盛。

清明：淡妆素抹总相宜

万物生长此时，

皆清洁而明净，故谓之清明

“清明”这两个字取得极为雅致，《岁时百问》中载：“万物生长此时，皆清洁而明净，故谓之清明”。清明本身就是节气，后来因和寒食接近，便合而为一，成为祭扫之节。

《历书》这般解释清明：“春分后十五日，斗指丁，为清明，时万物皆洁齐而清明，盖时当气清景明，万物皆显，因此得名。”而寒食节，则是吃冷食、禁烟火的节日。于今而言，皆为清明，游子返乡，祭扫成风。

曾子曰：“慎终追远，民德归厚矣。”祭奠先人，也是为了“不忘来时路”。唐代，寒食节与清明合而为一，唐玄宗下诏将寒食节墓祭定为国家礼俗：“士庶之家，宜许上墓，编入五礼，永为常式。”白居易就曾登上洛阳老君山，眺望祭祀情景，写下：“风光烟火清明日，歌哭悲欢城市间。”

这天的穿着，自然以素雅为主。宋代周密在《乾淳岁时记》中记载：”南北山之间，车马纷然，野祭者犹多。妇人淡妆素衣，提携儿女，酒壶肴垒。”对亲友故人的这一番缅怀，也如一幅书写至今的历史画卷，绵延未绝。

清明穿搭法则

- 衣着以素色棉麻为主，淡妆素抹，配饰不宜过多。

端午：愿与香草终为伴

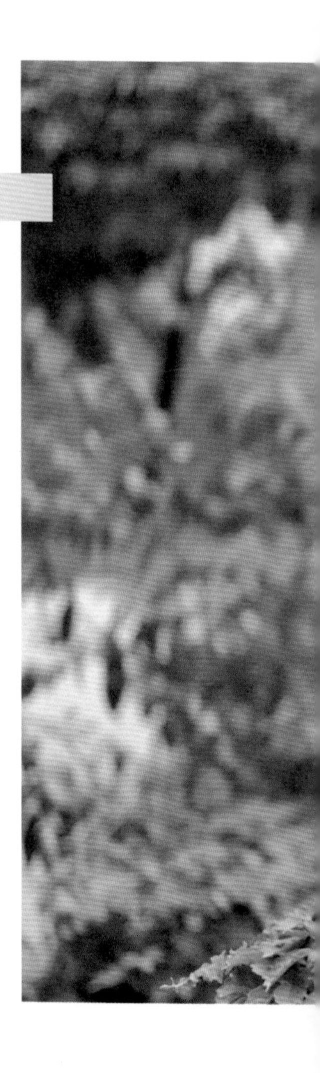

刘德谦先生在《端午始源又一说》中提到，端午节来自夏、商、周三代的夏至，并援引《岁华纪而》进行解释："日叶正阳，时当中夏"。这是说，端午正是夏季之中，所以端午也可称为"天中节"。

现在看来，关于端午最为通俗的说法便是"五月节"。民间常说"毒五月"，俗语说"端午节，天气热；五毒醒，不安宁"。这天五毒横行，人们用苍术、白芷熏屋子，挂菖蒲、桃枝辟邪，并用雄黄酒消毒，或在小儿额头写上"王"字。端午也就成了祛病除瘟、驱邪避灾的节日。

端午也是阴阳变动的关键时刻，《礼记·月令》载："是月也，日长至，阴阳争，死生分。君子斋戒，处必掩身。"为了护佑安康，人们不仅食用中药草木，还以此为配饰，用于香薰、沐浴。于是端午也成为了草药的盛会。

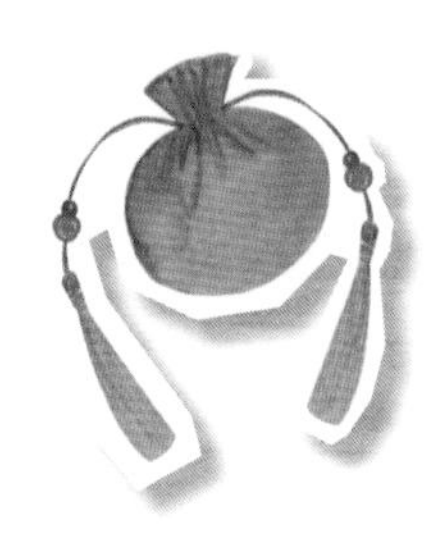

此外，大人还会给孩子做五色绳，绑在腕间，直到毒五月过后才可摘下，寓意出入平安。衣服上，也会绘制、绣上五毒纹样，寓意顺应天时、趋吉避凶。

至于所食的粽子，也以艾叶为衣，这也是草药化食的一种体现。后来关于端午起源的屈原说、伍子胥说，也都是为这端午食俗蒙上了一层传说意味的外衣。除此之外，浴兰汤、饮菖蒲酒，也是广为流传的辟邪习俗，正如欧阳修《渔家傲·五月榴花妖艳烘》一词所言：“正是浴兰时节动，菖蒲酒美清尊共。”

不禁令人感叹：端午，我愿与香草为伴啊！

七夕：芳华心事会有期

七月初七为七夕，相传起源于汉朝。据《西京杂记》载：“汉彩女常以七月七日穿七孔针于开襟楼，人俱习之。”在各种传说的增彩下，它是七姐诞、织女节，也是乞巧节，但不管怎样，它是名副其实的“女儿节”。

一首民间乞巧歌唱出了千古少女的懵懂心事：“乞手巧，乞容貌，乞心通，乞颜容，乞我爹娘千百岁，乞我姊妹千万年。”七夕夜，家家都会布置井然，邀亲友庆贺，也会邀邻里女子共赴乞巧会。女子们摆放巧果，祭拜七姐、织女，一面朝着天空，一面默念自己的心事，如嫁个如意郎君、早生贵子等等，玩到半夜始散。

七夕穿搭法则

- 配色以莫兰迪色为主，染红指甲，这是属于女子的纯真和浪漫。

七夕夜，女子们还会互邀乞巧、验巧、斗巧，评选出“巧女”，冠以心灵手巧的美意。其中，“穿针乞巧”被文人笔墨相传。南朝梁宗懔《荆楚岁时记》载：“七月七日，是夕人家妇女结彩楼穿七孔外，或以金银愉石为针。”将针穿过七孔洞，即为“得巧”。

在南方一带，女子们还会采来凤仙花染指甲，用桃枝、柏叶洗头，在这一天如沐浴银河，披上华美装束，盛装出席。

虽是女儿节，但男子也有玩乐。相传七月七也是魁星的生日，这时想要求取功名的读书人就会祭拜魁星，祈求考运亨通。他们遥望天空，北斗七星中第一颗最明亮的星星，就是他们心中当之无愧的魁首。

中元：天上人间自相见

“中元”之名，源于北魏时期道教的“三元说”：“天官为正月十五上元赐福，地官为七月十五中元赦罪，水官则为十月十五下元解厄。”而“七月半”也是从上古流传下来的民间祭祖的节日。于是，随着时间的推移，中元节逐渐演变为一个兼具祭祖与祈愿普渡两种习俗的传统节日。民间有这样的说法：七月半，家家户户入夜不出门，但还会为先人燃一盏灯。这就是中国的鬼节，也是佛教的盂兰盆节。

这一天鬼门关大开，已故的祖先可以回家团圆，而活着的人则会祭祖、上坟、点灯，为亡者照亮回家的路。各大道观寺庙也会举行盛大法会，为死者超度、赦罪、祈福。

这个节日，更重要的意义在于回望。不妨沉静下来，审视自己的内心，细细思索人生的意义：何为离别，是否生死即离别？何为重逢，是否所有的相遇为重逢？于此种观照中意识到生命之短暂，相逢之不易，由此更加珍惜当下，珍惜身边的人和事。

如此说来，中元节的“鬼”，其实代表着成千上万的灵魂和思念，并没有想象中那样令人恐惧，而一年一中元，也正代表着一岁一牵挂。

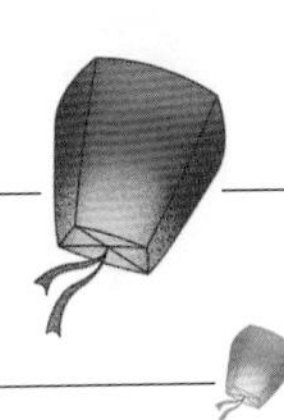

中元穿搭法则

- 素色为主，拒绝任何饱和度高的颜色和装饰。

中秋：月满桂落清丽时

提起中秋，便想到团圆。这是一个与月亮结缘的节日。古往今来，头顶皆是一轮月，不禁令人感慨世事沧桑。而古人愿将美好留于这一个“好夜”，珍惜当下，不问来去。正如唐人张祜《中秋月》一诗：“碧落桂含姿，清秋是素期。一年逢好夜，万里见明时。”

中秋的起源就与月亮相关。早在先秦，祭月习俗就已是帝王的例行大事，《礼记正义》卷四十六云：“埋少牢于泰昭，祭时也。相近于坎坛，祭寒暑也。王宫，祭日也。夜明，祭月也。幽宗，祭星也。雩宗，祭水旱也。四坎坛，祭四方也。山林、川谷、丘陵，能出云，为风雨，见怪物，皆曰神。有天下者，祭百神。”

祭月之时，人们会绘制嫦娥、玉兔、月光菩萨等一系列特别的月神神像，放置在祭桌上，人人焚香行礼。男子拜月以期科举题名，女子拜月以期花容月貌。有的人家还会遵循“守月华”的习俗，将一个水盆置于自家堂前，照映着月光，欣赏盆中“水月”之流动。

中秋之夜，除了月亮，还有桂树。“吴刚伐桂”的传说也为这个节日增添了许多想象。唐人段成式《酉阳杂俎》载曰：“旧言月中有桂，有蟾蜍，故异书言：月桂高五百丈，下有一人常斫之，树创随合。人姓吴，名刚，西河人，学仙有过，谪令伐树。”是夜，桂树弥漫的香气伴着清朗的月光，为这个节日蒙上了最美的照影。

- 以茶绿、月白等清丽之色为主，承映月华，可以金银饰物，玉兔、桂树等纹样进行装饰。

再次回望月色之时，想来也有“今晚月色最美”的遐想和祝愿了吧。

重阳：
登高望远赏秋菊
期逢重阳日，
与你相邀，着华服登高赏菊！

九月初九为重阳，因“九九”与“久久”谐音，自然而然也成就了一番长久长寿的意象。早在《吕氏春秋》中就有记载，重阳恰逢丰收之时，于是便有了以庆贺丰年为名的祭祀活动。在这个节日，人们登高祈福，感谢天地、祖先的馈赠。

古人认为：九为老阳，阳极必变，所以重阳时也有趋吉避凶的意味。到了汉朝，重阳又发展出了佩戴茱萸、举办宴会与家中老人庆贺等活动。这个时节，秋高气爽，人们登高望远、游目骋怀，自是再适合不过。王维有诗云：“遥知兄弟登高处，遍插茱萸少一人”，便是描述在这天高气远日，人们将茱萸这种御寒的吉祥物插在头冠上的习俗。《风土记》亦载：“俗尚九月九日，谓之上九。茱萸到此日成熟，气烈色赤，争折其房以插头，云辟除恶气而御初寒。”

这个时节还有菊花盛开，饮菊花茶、赏菊赋诗自然也是重阳不能错过的活动，再搭配上米粉、果料制作的重阳糕，更是别有一番闲适。

这个节日，以相邀为盛。期逢重阳日，与你相邀，着华服登高赏菊！

重阳穿搭法则

- 以柿色、茱萸色为主，饰以菊花等纹样。

冬至：岁首消灾始企盼

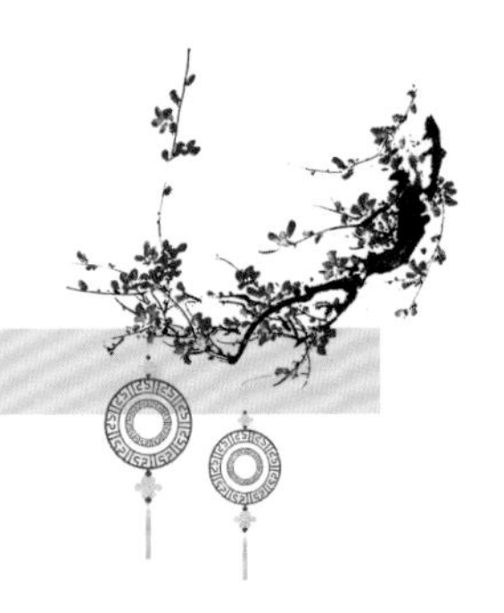

从小就听说过这句话："冬至大如年。"想来怎么会这般说，后来才知冬至竟是古老的"岁首"，"至"即为极致，冬藏之气至此而极。一年之中最大的祭天仪式，就是在这一天举行。《周礼·春官·神仕》载："以冬日至，致天神人鬼。"冬至日，天子为首，带领百官祭天，祈求消除疫疾，减少灾害。

早在春秋时期，祖先就用土圭观测太阳，测出了冬至的时间，所以它是二十四节气中最早被确认的一个。冬至是忙碌一年之后开始休养生息的时节，也是国家制定新年规划的时候，所以汉代将冬至列为盛大节日，沿袭至今。

古人测算出，冬至之后便为极寒，一共八十一天，恰好为九九之数。古人也因此发展出了"数九"的习俗，还会绘制"九九消寒图"，图中共绘有九枝九瓣梅，每过一天用画笔填满一瓣。待八十一天之后，消寒图中花开似锦，图外也迎来春暖花开之日，恰如杜甫《小至》一诗中所言："天时人事日相催，冬至阳生春又来。"

到了唐宋时，冬至和岁首并重，也就有了"小年"的意味。南宋孟元老《东京梦华录》载："十一月冬至，京师最重此节。虽至贫者，一年之间，积累假借，至此日更易新衣，备办饮食，享祀先祖。官放关扑，庆祝往来，一如年节。"

冬至时节，不妨拥抱一份舒畅，吃一碗汤圆或水饺，以开朗的心态迎接新一年的春暖花开。

冬至穿搭法则

- 不妨以蓝、银为主色，配以梅花纹的比甲，最为相宜。

除夕：春风送暖入屠苏

祭灶之后，灶神回到天宫，不理人间俗事。家家户户准备祭饭，炊烟袅袅，便是除夕的景象。“除夕”两字，即为“月穷岁尽”之意。在一年最后一夜，除旧岁迎新岁，所有活动，也皆以消灾祈福为主。

据宗懔《荆楚岁时记》记载，吃年夜饭的习俗至少在南北朝时就已形成，北方人围炉设火锅，南方人则摆上满桌美味佳肴，其中多有“年年有余”等美好寓意。吃饭之前要先祭祖，置祭桌，在祖先牌位前进行家祭，“慎终追远”。

此外还会有“守岁”的习俗，燃放烟花爆竹、点红灯、穿红衣，来抵御年兽的侵害。西晋《风土记》载：“终夜不眠，以待天明曰守岁。”清代《帝京岁时纪胜》亦载：“高烧银烛，畅饮松醪，坐以达旦，名曰守岁，以兆延年。”

入夜，父母还会把橘子和用红绳结成的如意、鲤鱼形状的铜钱放在孩子枕边，寓示来年要大吉大利、万事如意。

这一夜，饮一杯屠苏酒吧，与过去作别！这一年的俗事和过往，在这顿饭里都会成为旧事，一切美事和幸运，都会成为即将到来的祝愿。

\除夕穿搭法则/
◆ 红袄红裙，可用红的阶梯色系搭配。再以红绳系发，鲤鱼为饰，配毛领围巾。

实验篇：汉服日常穿搭公式

穿起来像时装的汉服有哪些？

经常有同袍会问：“汉服怎样才能像时装一样出街？”其实这并不难！

首先，汉服部分款式就具有和时装相通的基因，只要配色不那么冷门都很容易出街。

其次，也可以用汉服单品混搭出汉洋折衷的风格。这里说的汉洋折衷未必是和洛丽塔、宫廷风结合，也包含更多的可能性。

此外，其他国家改良民族服饰的创意也可以拿来借鉴，帮助一些传统汉服元素更好地适应更多场合。

宋制旋裙：时下最热的汉服出街款

宋制旋裙应该是时下最热门的汉服出街套装了。窄摆类似现在常见的铅笔裙，纯色和大气花色都可驾驭，适宜走熟女风；宽摆类似百褶裙、A裙，不仅可以变化长短，还可以应用牛仔布、格子布等演变出很多俏皮的风格。

袄子/褙子：时尚面料做装饰

上衣如方领、立领袄也可以用花呢、皮来做主料，搭配时装扣子，可以作为春秋日常出行的小外衣，在温暖的南方，冬天也可以直接外穿。

长袄是一款适合继续设计、可传统可时尚的单品，领子一翻，加上宽腰带，袖口用袖针收起，基本可以作连衣裙使用。

作为一种薄开衫，褙子也与袄子类似，非常适合外穿，做厚了甚至可以当作大衣，也很实用。

抹胸：来点“运动风”

汉服抹胸日常穿着时可以替代吊带使用。平时穿一件吊带搭配一条短裤或两片裙，盘坐在凉席上吃西瓜，自在又随性。单穿抹胸，只要灵活运用，出门也能带点运动气息。

马面裙：百搭汉洋折衷款

马面裙是汉洋折衷界的“元老”。无论是T恤、高/矮领毛衣还是衬衫，搭配马面裙都可以直接穿出门。建议做马面裙时，裙长适当减少10厘米，这样既可以加上衬裙搭配传统汉服，也可以搭配日常时装上衣，出门也不容易踩到裙摆，上下扶梯非常方便。颜色方面，最好以深色系为主，黑色、深灰色、砖红色都是最百搭的。

中衣：与众不同的“衬衫”

不少中衣其实都带有一些时装元素，包括泡泡袖、收袖等。中衣在穿搭中类似衬衫，搭配时装裤、裙都非常方便。如果觉得领口还是过敞，可以适当搭配丝巾修饰。如果想要与众不同，还可以挑战白色以外其他颜色的中衣。

其实，究竟是将汉服穿得更像时装，还是时装更像汉服，现在已经说不清了。但在今天，汉服可以有更多元的设计和尝试，我个人还是蛮喜欢的。

阳光明媚，穿上汉服郊游去！

提到出门郊游穿什么，脑海里立马浮现出草编、蕾丝等非常具有度假风的元素，那么，趁着阳光明媚，我们就穿出去！

汉服里有很多适合度假的款式，且都有一个特点——轻便，毕竟着装的舒适度非常重要。此外，有时出去玩上一整天，穿着也需要考虑到昼夜温差。因此，最适合郊游的汉服穿搭就是立领衫+中长款/长款的褶裙，可以选用纯棉布的材质，透气又清爽；也可以选用雪纺的长裙，夏日穿着也是非常舒适的。

颜色方面，鹅黄、浅黄最适宜打造出游的氛围感，再以绿色腰带进行点缀，可以缓解全身纯色系的视觉疲劳。

这样出门，可以说，一天无压力！

最后要提醒的是，出门搭配最好要穿一双好穿的鞋子，不然，长途跋涉，受苦的可是你的脚哟。

- 配饰的话也不能忘掉蕾丝披肩、草编包、草帽……它们不仅有装饰的作用，散热性也好于其他材质，可以让你免受阳光毒辣的煎熬。

工作日，汉服如何承包我的上班装扮？

“明天穿什么？”这个史诗级的难题，就和“每天中午吃什么”一样让人头疼。有调查显示，许多人都想穿汉服上班，只是碍于汉服穿着的繁琐和别人的眼光，始终没有踏出第一步。

真正的时尚，经得起上下班的考验。

紧凑的工作日清晨，本来就无暇静心装扮，如何才能毫不费力地将汉服穿出时尚感，映衬自己自信迷人的气质？这里准备了全套的工作日汉服穿搭指南，让你在快节奏的工作氛围中也能找回最“汉”元素的自己。

Mon/周一：简约干练最时尚

度过短暂的周末，转眼又到了不愿面对的周一。这一天，需要一些干练而不失格调的穿搭帮你打起精神，彰显利落大方、独当一面的职场气质。搭配的重点在于简约，黑与白可以让你在一群亮色系中脱颖而出，成就办公室实力派。

黑色系：永恒的经典，大气而简约，加上领口、裙摆的时尚条纹，以别出心裁的细节诠释与众不同的气场。

条纹：同样是经典配色，常用于下装，配上高跟鞋，走路都带风。

Tue/周二：清新色加分

周二，已经适应工作状态的你，着装风格可以稍微温和一些，以舒适为主，适当增加些清新的色调和暗纹的装饰，配上百搭的阔腿裤，将“汉气质”进行到底吧!

衬衫+阔腿裤：交领的设计并不繁复，收袖的西式设计也有汉洋折衷的意味，搭配阔腿裤、高腰裤都是不错的选择。

Wed/周三：亮色系挽救颓废感

周三是一周中最难熬的一天，这时更需要激发状态，把自己从疲惫、倦怠中解救出来，为自己和办公室的同事们带来活力。今日的穿搭可以更为出挑，选用亮色系搭配印花半裙也不为过。

褙子+飞机袖+两片裙：亮色系的外套在冬季也变得流行，内搭浅色系的衣裙，让你成为街头最亮丽的一道风景线。也可用筒裙代替褙子的下裙，为搭配增添亮点。

Thur/周四：洒脱前的低调

周四属于“黎明前的黑暗”，工作虽然接近尾声，但也是最为忙碌的时刻。这一天可能无暇打扮自己，简约而不失优雅的穿着更适合你。收拾好心情，保留住最后一分矜持，默默期待周五到来。

圆领衫+短裙：汉唐圆领也可以很清新，只要搭配一件百搭款短裙就能实现。另外，不要忘记选用合适的腰带或束腰来修饰腰线。

圆领衫+长裤：圆领的版型相对宽松，搭配时装长裤和短靴，也可以当做休闲服来穿。

Fri/周五：迎接轻松周末

周五是对一周工作的总结，也是周末狂欢的前奏。这一天的穿搭，可以让鲜明的元素来当主角，给人一种耳目一新的感觉。也可适当用上小面积的花俏图案营造少女感，用轻松、愉悦的心情迎接即将到来的周末时光。

比甲+短裙：比甲加上轻盈的裙子，可以凸显线条。再搭配绒领，穿上就是摩登女郎。

圆领长衫：直接把圆领长衫当做连衣裙穿，在今天也别具韵味，想到这不得不称赞古人的时尚眼光。

接下来就将好心情留给周末吧！周末可以穿上传统汉服出行，也可以搭配慵懒的居家穿搭“宅”在家中，当然是怎么舒服怎么来。汉服既可以张扬个性，同时也承载着几千年的民族文化内涵，希望大家都能在汉服的陪伴下拥有美好的每一天。

穿上汉服“一步裙”，走路会生风

说起裙装，就容易想到现代女子穿的一步裙或铅笔裙。这种裙子融合了20世纪50年代美系裙装的风雅，以束身效果凸显女人味，是现代时装中长盛不衰的经典款。

很多人不知道，宋代女子也有这种裙子，即旋裙。旋裙以两块布交叠而成，设计初衷是为了便于骑马，起初多为妓女穿着，后来受到上流社会的女子喜爱，风靡一时。

孟晖在《开衩之裙》中提道：“此类宋裙乃是由两片面积相等、彼此独立的裙裾合成，做裙时，两扇裙片被部分地叠合在一起，再缝连到裙腰上。”可供参考的实物如江西德安南宋周氏墓出土印花折枝花纹纱裙、福州黄昇墓出土南宋黄褐色印花绢裙等。

私以为两片裙是比较适合通勤的汉服混搭元素，可以备几件百搭款，用于夏季日常穿着，上身也可以直接搭衬衫，再搭件小西服，走路都生风。

颜色上，纯色尤显干练，想走学院风可搭配花格纹，若想活泼些还可以搭配波点纹。此外，浅色系棉麻很容易营造出青春文艺的氛围，可搭配松糕鞋、平底单鞋或是白色球鞋；而出挑的颜色配合质感好、有光泽的面料也可以呈现出耀眼的时装感，与金色系饰品相得益彰，穿上高跟鞋就是时尚宠儿。

如果想在设计上有所突破，其实也可以采用水墨画的数码喷绘，或是镂空剪纸、流苏、立体花饰等进行装饰；面料方面，夏季可尝试向纱或蕾丝拼接等方向做一些尝试，天气变冷后，麂皮等皮质面料也是不错的改良选择。

今天的人们在物欲中越走越远。如张爱玲所言，我们仿佛也成为了住在衣服里的那个人。谁也说不清，到底是衣服造就了我们，还是我们成就了衣服?

但这也是最好的时代。丰富、前卫的服饰风格，同样寓示着社会正在摆脱各种内在和外在的束缚，走向开放、包容和多元。

旋裙适宜搭配飞机袖的衫子或褙子。将上衣收到裙子里，便可实现收腰、显腿长的视觉效果，是梨形身材的“福音”。

斩男款

初次约会就穿汉服
不想被注意到都难

很多喜欢汉服的女生都不敢在约会时穿上汉服，尤其是初次约会，只因担心男生不理解、不支持。其实，与其凭借想象努力展现对方眼中“完美”的自己，倒不如自信展现真我。既然爱汉服，就要勇敢地穿上它，哪怕在约会之中，也不要轻易迷失自己。

“甜美自信”是约会的斩男秘诀

与心仪的男生初次见面或是刚刚进入暧昧期时，应该怎么穿？穿隆重的传统汉服怕把人吓倒，那就不妨试试“汉服+时装”。亮色系是让人对你眼前一亮的绝对保证，不妨选择红色系展现内心的热情。

立领衫/袄子+蕾丝裙：

天气暖和，可以穿一件单薄的立领衫，记得颜色选择雪青、粉色系，透露出一种小家碧玉的柔美感。

天气冷了，可以试试穿上袄子，再搭配一件蕾丝半裙减轻视觉上的臃肿感，就能让整个冬季轻盈起来。

衬衫+格纹马面裙：

格纹是时装饰样里的经典款，适用范围可以说贯穿四季，但是也讲究配色：春夏季可用浅色上衣搭配浅色格纹，秋冬季则可用深色上衣搭配深色格纹。另外提醒一下，搭配浅色格纹裙的鞋子应尽量以圆头为主，深色格纹裙可以选用尖头鞋，前者容易营造温婉的形象，后者则能彰显成熟淑女的个性。

“做自己”是立于不败的永恒信条

当对方已经对你有了一定的了解后，你可以更加鲜明地展露出自己的个性，进行更为周全的汉服搭配，但也要为同行的人考虑。这时可不只是换条裙子那么简单了。

袄子+短马面裙：

全套的袄子穿起来，搭配短马面裙更便于出行。整套穿搭的色系以浅暖色为主，以裙子的金色提亮。

衬衫+中长马面裙：

女性花式衬衫搭配中长款马面裙或是传统马面裙，都能散发出成熟女性的知性和魅力。

晋襦：

现代感鲜明的晋襦适合简约大气的配色，袖型不要太过夸张。如果想搭配长袄，也可以适当把领子折下一些，下身穿长袜和靴子。尤其应当注意开衩处，避免走光。

其实，去约会并不一定非穿汉服不可。这里介绍的约会搭配，只是希望你穿汉服的样子能真正被你身边的人以及你爱的人认可。当然，水到渠成之时，也欢迎全家穿上汉服一起出行！

给汉服加点小碎花，你会忍不住赞美夏天的！

若说什么元素最能代表夏天，那一定非碎花莫属。温暖的风混合着微醺的芬芳，迎面而来就是这一股碎花的清新和甜美。

谁说小碎花就是法国南部的独创？中国人对碎花的喜爱和研究，可一点都不亚于那些西方的优雅女性。所谓时尚易逝，风格永存。西方的碎花在百年来的时装舞台上活色生香，中国的碎花则一直在一些小物件上焕发异彩。

中式的碎花元素，以工笔画花、竹、卷草、葡萄等居多，也有用水墨层叠出的斑斓花样。唐风的元素可能会更多些。

碎花的样式主要分为两种，一种是大花印花型，一种是小花团簇型。这两种样式都可以应用于面料的整体或局部。若在汉服上呈现，碎花哪怕只是作为衣缘上的星星点缀，都能让这个夏季再延长一些。此外，也曾有人将碎花雪纺应用于曲裾、杂裾上，在当时也十分令人耳目一新。

想让碎花更加活泼，除了式样上的变化外，还可以考虑加入拼接的蕾丝元素。例如，用一件蕾丝边衬裙搭配碎花裙，就可以达到理想的效果。

在碎花的穿搭上，尤其要注意，上衣和下裙的配色和饱和度。原则上，上身有碎花，下身则搭配纯色，反之亦然。运用得当的话，可以尝试上下适当饱和的撞色，比如绿色半袖上衣搭配粉色短裤、黄色碎花交领配上宝蓝色襦裙，再穿一双黄色的罗马鞋或蛋糕鞋，亦或是一双更有态度的黑色或白色短靴，这样就能轻松彰显出自己的时尚品味。肤色白皙的人可以挑选深色系或饱和度高的碎花底色；如果肤色偏黄或黑，搭配浅色系会更佳出彩！

对我而言，最实用的应该是碎花下裙。到了秋天，不管是褶裙、破裙还是马面裙，都能继续沿用夏季的装饰色，与长衬衫和薄毛衣进行混搭。这时选取的色系不宜过亮，因为秋季主打的颜色调性还是以棕色等深色系为主，这样搭配浅色的上衣就会游刃有余。

如果只有浅粉色的小碎花裙，那么可以尝试用颜色较深的褙子或针织外套来营造视觉上的平衡。如果面料比较花哨，可以大胆穿上抹胸或吊带，外搭一件收腰的风衣，让摩登与传统并存。

甜甜的碎花一直很迷人。有人说："逃离平庸？不如拥抱碎花吧。"千万不要吝啬花季的绚烂。这个夏季，能够拥有碎花，真好。

一夜转凉，穿上汉服赏秋去

暖暖外套谁不爱

秋风起，丝丝凉意自然要用短外套的柔软来冲淡。外套一般穿在袄子或襦衫之外，下身着裙，只要搭配得当，很容易就能穿出层次感。

这一季的汉服推荐以较厚的呢子比甲和半袖为主，再加上绒绒的毛边，足以融化每一颗少女心。个人偏爱有兔毛围边的短比甲，因为无袖，所以也不会显其过于臃肿、厚重。在逐渐转凉的秋季，衣柜里不妨先备一件。

金秋配饰也很丰富，可以选择荷包、丝带等。秋叶离不开枫叶或银杏，叶子形状的荷包可以丰富身上的颜色和细节。这种异形设计的包包也会增添趣味，不经意间就能让你的搭配更加出彩！

九月和十月，都是金色的。风吹麦浪，银杏红柿，没有一个季节的颜色比秋天更柔和了。突然降温，是不是突然不知道要穿什么了？

金色织金

把金色穿在身上

到了秋天，想把象征收获的金色穿在身上，不妨试试汉服传统的织金工艺吧！

织金，顾名思义就是在织物里加金。早在秦汉以前，我国就有“衣金缕”的记载。《唐六典》载有销金、拍金、镀金、织金、砑金等 14 种织金方法，宋代也有 18 种之多。最负盛名的织金王朝便是元代，贵族生活可谓奢靡，生活日用的被褥、帘子等也都用织金制成，亮晃晃得让人分不清白天和黑夜。

织金也是汉服织物里常见的元素，妆花则是常见的纹样，两者一结合，可以在这个秋日碰撞出闪耀的时装感。

汉洋折衷？圣诞汉服正流行

随着汉洋折衷风潮的兴起，近些年的圣诞节上，圣诞汉服作为一种搭配正在悄然流行。

所谓的圣诞汉服，最突出的特点就是红配绿。红可以是石榴红、朱红、橘红、粉红，绿可以是官绿、葱绿、柳绿、灰绿，但总归是饱和度较高、明度较低的颜色更有氛围感。你可以想象，把一棵圣诞树穿在身上是什么感觉？

不要小看配饰，其实它们也很关键。圣诞树的配饰往往是亮闪闪的卡通形象，圣诞汉服也可以借鉴这个元素，以金色系的首饰、胸针作为点睛之笔。除了非常西式的装饰品之外，还可以尝试一下红色的绒花。另外，在头发上绑上丝带，也可以增添圣诞氛围。

有人或许还是认为圣诞是西方人的节日，但节日都是服务于人的，西方节日对于国人而言更像是提供了一个娱乐放松的契机，况且也为汉服的汉洋折衷改良提供了思路和场景。所以，穿着汉服过圣诞，也未尝不可？

总之，圣诞汉服的搭配，要注意以下几点：

① **款式：**

多为明制，可以是袄裙，或增以比甲，配色要有红色、绿色系，可用米色来缓和；

② **配饰：**

金色系的卡通、可爱小元素；

③ **发型：**

多为卷发，可适当盘发，留下刘海更显俏皮可爱。

女生都开始抢穿男装汉服了，男孩子穿什么？

在这个审美趋向中性美的时代，男装不仅作为男士衣着的固有选项，也逐渐成为女性的一种着装选择。不少女生轰轰烈烈地穿起了男装，英姿飒爽的样子阳刚气十足，这为衣服款式本就不多的男士们平添了几分危机感。不怕，男装汉服虽然款式少，但也有一些经典款值得品味。

男士穿搭的重点在于质感。就如现代人购置西装，手工西装之所以倍受追捧，正是因为质感突出。有一段时间流行制服风，就是把比较隆重的西装穿进了生活。他们往往使用灰度较高的莫兰迪色映衬自己的肤色，烘托出一种温和儒雅的气质。

与之相应，汉服中的褙子、交领半臂正是非常适合这种穿搭场景的款式。挑选这类款式的汉服，应优先选择纯麻、锻、涤纶材质，比较有厚度且挺括的面料，因其有利于上半身的塑形。对比西方人的立体剪裁，东方的服饰更多是靠面料的挺括感来塑形。如果是相对柔软的面料，则更适合女生穿着。比如，女生们穿上飞鱼服扮起酷来，自是比男生还要多几分潇洒飘逸。

注意面料是否抗皱

在选购时还应注意面料是否抗皱。如果不是抗皱型面料，那么需要注意是否可以熨烫。有褶皱的衣服和熨烫平整的衣服，质感在视觉上会有很大差距。

若说都市穿着趋势，这几季流行的工装风也不容易错过。所谓工装，就是将近现代的工装元素融入服饰之中，一般采用帆布、灯芯绒、牛仔、麻等面料。这种面料的好处是足够粗犷足够挺括，而且穿起来十分宽松、舒适，略带一些复古情结，对比制服风而言更为休闲也不失个性。可以考验一下设计师对这些元素的运用，看看他们是否也能在汉服设计里大放异彩。

要忘记灵活运用配饰

也不要忘记灵活运用配饰。长发带可以“一带多用”，比如系在颈前当领带用，能产生一种中西结合的混搭感；如果留了长发，那就用它把头发束起来，展现扑面而来的清爽。如果有袖针，还可以用在领口和袖口，用精致的细节为质感提分。日常出行，还可以把鸭舌帽、草帽等配饰应用到汉服时装穿搭中去，再搭双复古皮鞋或帆布鞋，就能成为街上最靓的汉服男孩。

把美好的寓意都穿在身上！

自汉代以来一直到明清，中国文化中诞生了许许多多的吉祥纹样。这些纹样的种类十分丰富，有的取其谐音，有的取其意象：取谐音的纹样有鹿（谐音“禄”）、蝠（谐音“福”）、绶（谐音“寿”）、鱼（谐音“余”）等；取意象的纹样有鸳鸯（取其雌雄双栖，表夫妻恩爱）、莲花（取其出淤泥而不染，喻清白纯洁）等。

这些吉祥的纹样，许多也应用在汉服上，不仅起到装饰的作用，也寄托着美好的寓意。

多子多福享富贵

松鼠、葡萄：多见于明清、民国时期的瓷器。葡萄果实堆叠繁密，如同大获丰收的五谷；成串的葡萄也喻示着“多”，而鼠对应十二地支中的“子”，故葡萄松鼠合在一起，亦有“多子”“丰收””富贵”之意。

瑞兔：自古以来，兔子在许多文化中都被认为具有神性，而在另一些文化中，又与诡诈、邪恶、蛊惑联系在一起。世界各地有着千奇百怪的关于兔子的神话传说和典故。不论野兔还是家兔都被认为是极为多产的动物，因此，在许多文化传统中，它们常常与女性、繁殖、生育、月亮及其运转轨迹紧密联系在一起。它们也常常被视作大地回春的标志。

双鱼：鱼，味道鲜美，营养丰富，品种繁多，取之不尽，捕捉相对容易，因此受到人类的喜爱。在捕鱼、吃鱼的过程中，人类发现鱼的生命力旺盛、繁殖能力强，因而便将鱼作为一种美好愿景的寄托，为鱼赋予了各种各样的吉祥寓意，希望能衣食不缺、年年有余、繁衍不绝、长生不老。

喜上眉梢兆吉祥

孔雀：孔雀是传说中拥有九德的吉祥鸟，深受民间百姓喜爱，在明清时期常用作瓷器纹饰。由于孔雀尾羽纹饰美丽，开屏时“纹饰明显”，和“文明”谐音，故人们以孔雀开屏寓意“天下文明”，表达对盛世的向往。在特定情况下，孔雀纹饰也可与龙凤纹可相互替换。

喜鹊：喜鹊，首字为喜，又称“报喜鸟”“吉祥鸟”。古时，喜鹊被称为“神鹊”，有能感知预兆的功能。《开元天宝遗事》记载：“时人之家，闻鹊声皆以为喜兆，故谓灵鹊报喜。”韩愈的“家人视喜鹊”与宋之问的“破颜看喜鹊”，都写出了人们盼望喜运的迫切心情。出门遇喜鹊鸣叫，预示“心想事成”；两只喜鹊，代表“双喜临门”；喜鹊落在梅枝上，寓意“喜事来临”，因梅与“眉”同音，又叫“喜上眉梢”。

祥鹿：古人认为鹿为纯善禄兽，“鹿”与“禄”谐音，寓意加官进禄、权力显赫。

长寿进福从天降

仙鹤：古人以鹤为仙禽，传说仙鹤是寿星的坐骑，而“贺寿”也与“鹤寿”同音，故以仙鹤来寓意长寿。《淮南子•说林训》中有：“鹤寿千岁，以报其游”，便是借用仙鹤的意象表达延年益寿的意蕴。

寿桃：传说中，西王母娘娘做寿，设蟠桃会款待群仙，所以民间

仙鹤

竹梅

葡萄

牡丹

往往用桃来做祝寿的物品。时至今日，寿桃纹仍是瓷器上的主要装饰纹样之一。这不仅是因为寿桃纹形式感强，适宜入画，更因为寿桃有着许多吉祥寓意，可以传达人们对美好生活的祝福和期盼。《神农本草》中有“玉桃服之，长生不死”的文字，《神异经》说“东方树名曰桃，令人益寿”，从中也可以看出寿桃在人们心中的形象。

蝙蝠：蝙蝠不是鸟，也不是鼠，而是一种能够飞翔的哺乳动物，归属于翼手目。在中国传统的装饰艺术中，蝙蝠的形象被认为是幸福的象征。人们利用“蝠”与“福”的谐音，将蝙蝠的飞临视为“进福”的寓意，希望幸福会像蝙蝠那样从天而降。

财源广进吉运通

杂宝纹：杂宝纹是元明清三代常见的瓷器纹饰，因所采用的宝物较杂，故名杂宝。杂宝纹多作为辅助纹饰，绘于器物边沿、肩部或颈部，也有绘于瓷器中心位置的。在元代瓷器上，杂宝纹主要包括双角、银锭、犀角、火珠、火焰、双钱、珊瑚等元素。到了明代，又增加了祥云、灵芝、笔、磬、葫芦、鼎等。此外，还有以杂宝作为器型的，如隆庆时期的方胜形盒等。

看了这么多美丽的汉服纹样，有没有感到眼花缭乱？快问问自己，最想把哪种寓意穿在身上？

汉服配靴子，祖先都玩腻了

对于大多数人而言，绣花鞋都是一种很好搭配的鞋，由于它的扁平结构，导致它只有平面设计，几乎没有什么三维构建面。一般而言，俯视效果好的绣花鞋就是一双“好看”的绣花鞋，除非鞋的颜色与服装颜色真的很不协调。与绣花鞋不同，靴子更注重立体设计，不仅要考虑俯视效果，而且还要优先考虑它的侧视效果。

在我国，靴子的起源与游牧民族相关。一种说法认为靴子是北狄胡人传入的，因为草地和马镫对鞋子磨损，所以他们需要鞋跟更厚、鞋面更高的靴子，来应对生活的需求。《晋书·毛宝传》中有：“宝中箭，贯髀彻鞍，使人蹋鞍拔箭，血流满靴。”魏晋时期，靴子在中原地区仍主要应用于战争当中，后来才慢慢演变成百姓日常穿着的一种鞋子。

宋人沈括《梦溪笔谈》记载：“中国衣冠，自北齐以来乃全用胡服。窄袖绯绿短衣，长靿靴，有蹀躞带，皆胡服也。”这里的蹀躞主要不是指代腰带的名字，应当是类似鞋带的饰物名。

古代的皮鞋，称鞮（dī）、靸（sǎ）、鞜（tà）等，这些字皆从革。革者，皮也。上古时的皮鞋用的都是生皮，后来随着熟皮技术成熟，皮鞋逐渐柔软精致。直到唐玄宗开元年间，裴叔通才以羊皮制作软靴。唐宋以后，穿靴子成为一种时尚，靴子的工艺和审美由此得到进一步发展。

如此看来，汉服搭靴子，也不是什么特别时髦的事，祖先都玩腻了。但具有中西元素的靴子那么多，具体应该怎么穿呢？

裙长和靴长可以尝试互补

简单来说，裙子越短，靴子可以越长，裙子越长，搭配靴子就可以越短。对于靴子的运用，除非腿型完美到不用修饰，一般还是建议“短裙+长靴”，或者“长裙+短靴”。如果只有短靴，可以搭配长袜，从视觉上调节靴长。如果只有长靴，也可以穿长裙，不过这时要多一点“时尚小心机”，比如可以用别针把裙子的一角别到短裙位置，适度调节裙长，露出一块能让靴子“呼吸一下”的空间，　这样也可以起到拉长身形比例的作用。

穿裙子一定要露鞋

裙子拖地固然端庄，但在日常生活中想要突出结构、拉长身形比例，最好能露出鞋子。如果裙子已到脚底，这时要考虑不是向上拉长鞋子，而是运用鞋跟的高度来修正裙长的比例失调。此外，也可通过折裙头、剪短裙长的方式露出鞋面。裙摆和鞋面之间应至少留出7厘米的间隙，让结构更为分明。

材质选择亮面还是哑面?

所有的靴子都有亮面和哑面的材质区分，应该怎么选择？其实只需记住一点：亮面的靴子适合亮色系，哑面的靴子适合比较朴素的配色。如果裙子颜色是原色，比如红白黄蓝黑，那么选用亮面还是哑面取决于你的第二主要搭配色。

注意调整服饰重心

关于服饰重心，典型的比例就是黄金分割——0.618，即头顶到腰线的位置大概占整个身高（包括鞋跟）的33%～38%。腰线在这个位置时，人体比例最协调，最具有美感。

汉服的设计中早已渗透了服饰重心的理念与黄金分割的比例，比如齐腰，其实就在强调腰线的位置。

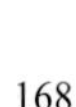

利用腰带

腰带或束腰都可以通过明显的收腰效果来提升腰线，从而实现全身比例的协调。

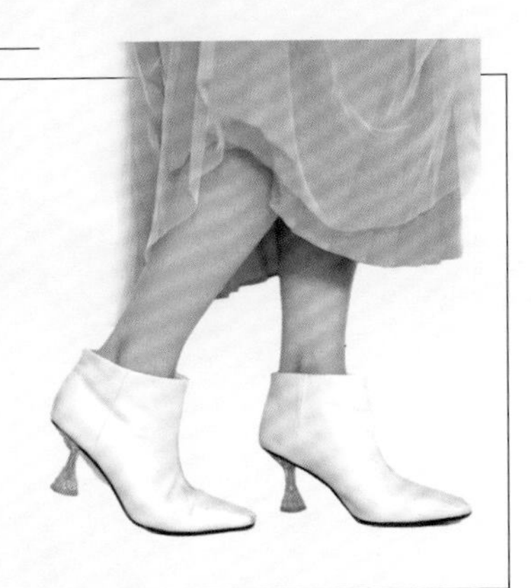

利用鞋跟

除了收腰，还可以运用鞋跟来调节全身比例，比如下身较短的人可以穿高跟鞋来拉长下身身长。修正的身长参考比例可以参考以上。

如果你不是黄金比例的身材，可以尝试灵活运用丝巾、长项链、高跟凉鞋、靴子等来解决重心的问题。

所以，当你掌握了协调重心的穿搭秘诀，无论是穿汉服还是穿时装，亦或是汉服搭配时装，都可以避免很多的问题，展现出自己玲珑曼妙的身姿。

汉服小哥哥小姐姐的裙底都穿什么？

许多人都知道汉服裙子打底有衬裙、衬裤之分，但不知道怎么穿更好，这篇文章为大家讲清楚。

衬裙

衬裙可以理解为汉服裙的打底版，形制可以与外裙一致，也可不一致。现在常见的衬裙，主要为马面衬裙、褶裙、破裙。

衬裙有三个作用。一个作用就是作为裙撑，增加裙子的蓬感。早期清辉阁的部分裙子就采用了类似裙撑的设计，明华堂的裙子也是如此。

另一个作用是装饰。现在的汉服衬裙一般也饰有蕾丝边，可以在外裙的包裹下透露一丝轻盈感。

最后也最重要的作用就是避免“走光”。一般来说，穿着颜色较浅、面料较薄且没有衬布（即单层）的外裙时要配衬裙，如果外裙颜色较深或已配了衬布（加了衬里），不穿衬裙亦可。

衬裤

衬裤主要分胫衣、裈、袴几种，也承担了一定的打底功能。

胫衣

胫衣可以理解为两条裤管，经腰身相连，也称套裤。

裈

东周时期的“胡服骑射”，出现了裈这种合裆裤。从现存的绘画、雕刻等古代资料中可以看到，合裆裤在最初基本仅限于社会底层的劳动人民穿着，直至隋唐时期，才真正被社会各阶层普遍穿着。

袴

秦汉时期出现了袴。与裈不同，袴是分裆裤。在古代，部分汉服因为穿脱极为繁琐，造成如厕不便，所以这种分裆裤逐渐流行起来。穿着袴的，多为有身份的人，这也是“纨绔子弟”这个成语的由来。

我们现在看到的汉服衬裤，大多为时装改良款的衬裤，日常穿着也很方便。此外，阔腿裤、灯笼裤等时装裤也可以当作衬裤来穿。炎热的夏天，也可用一般的时装打底短裤来充当衬裤。

如果真的想防走光，还要注意以下几点：

① 坐前先整理裙子再坐下

不整理裙子直接坐下，难免会露出大腿，所以坐有坐相非常重要，记得先整理裙子再坐下，也是一种礼仪。

② 转圈过快容易走光

汉服小姐姐爱转圈圈，但转速过快很容易走光，所以可以尝试转慢一些，也利于抓拍。

③ 裙围合过小

有的女生买裙子没注意尺寸，发现裙子不能围合，或者裙子围合容易出现缝隙，那么就要注意了，穿这类裙子时要穿衬裙，不然很容易走光。所以购买围合裙，宁大勿小。

④ 裙长过长

裙子过长就容易踩到，所以建议购买长度距离脚面至少 10 厘米的裙子，这样的裙子也更适宜日常穿着。

那些爱猫的汉服同袍都怎么穿？

什么样的汉服更有新意？对于爱猫的小主们，最不能错过的当然是——猫！

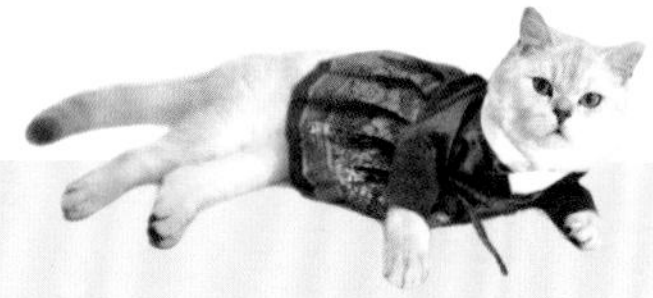

猫咪作为治愈心灵的小精灵，无时无刻不以各种可爱的姿态存活于大家的日常生活中。不知从何时起，猫就出现在中国人的视野中。《礼记》就有记载："古之君子，使之必报之。迎猫，为其食田鼠也。迎虎，为其食田豕也，迎而祭之也。"可见，至少在周代，"猫"就已被人们视为祭祀的对象。

猫的花纹也非常之多，据宋代《埤雅》记载：“猫有黄黑白驳数色，狸身而虎面，柔毛而利齿，以尾长腰短、目如金银及上颚多棱者为良。”除了纯黄、纯黑、纯白之外，还有黑色虎斑、黄色虎斑、玳瑁纹等花色皮毛，这和我们现代对猫的毛色理解相似。毛色无杂、眼中有神的猫，多为品相上乘的好猫。

关于纯毛猫，《相猫经》里这样记载：“凡纯色，无论黄白黑，皆名四时好。”毛色纯正的长毛猫，以纯黄为上、纯白次之。宋代靳青《双猫图》中的左边那只猫就属于“四时好”。

在古画中出现最多的是狸花猫。它的毛色近似虎斑花纹，因而也被称作“狸花斑纹”。《相畜余编》曾言：“纯色猫带虎纹者，惟黄及狸，若紫色者绝少，紫色而带虎纹，更为贵品。”《相猫经》中也提到：“通身白而有黄点者，名‘绣虎’；身黑而有白点者，名‘梅花豹’，又名‘金钱梅花’；若通身白而尾独黄者，名‘金簪插银瓶’。”

唐朝时，猫一度成为鬼魅的代表。据传武则天时期，萧淑妃被武则天陷害囚禁，在被抓时诅咒武则天：“愿阿武为老鼠，吾作猫儿，生生扼其喉！”武则天听后非常生气，于是专门下了禁猫令。现在还有文艺作品用“妖猫”的意象来诠释那个时代的鬼怪神话。

到了宋代，养猫之风尤为盛行。当时的爱猫之人被戏称为“狸奴”，大诗人陆游就是其中之一。他曾写下《赠猫》《赠粉鼻》《嘲畜猫》《得猫于近村以雪儿名之戏为作诗》《鼠屡败吾书偶得狸奴捕杀无虚日群鼠几空为赋》……当真是为猫痴狂了。

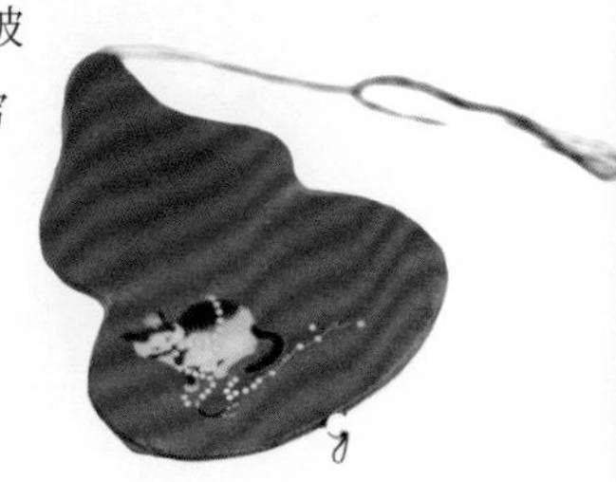

爱猫之人，穿衣也带猫。绣画着猫的汉服越来越多，图案各异。穿着这样的汉服，让大家一眼看出，这是一位爱猫的同袍！对于这些同袍，在布料搭配方面，可以多试试用格子、条纹等花样面料来调和猫的灵动，或者用橘色和藏青色来展现猫咪生机勃勃的气息。

如果你想和自己的猫一起出街，又比较在意细节，这里还有一些搭配推荐：搭配橘猫可以穿着明制同款橘色袄子，搭配蓝猫可以穿着唐制大红或紫色圆领，搭配白猫就穿颜色较鲜艳的齐胸，搭配狸花就穿上浅色系宋制。还有人专门把猫身上的花纹印在衣服上，远远看去像不像姐妹装？

此外，带有猫元素的汉服配饰也越来越流行。无论是猫形的异形荷包、绣着猫的荷包，还是步摇和耳环上的猫形坠子，都是爱猫同袍在不经意间展示自己时尚品味的“利器”。

之前有朋友问我，制作汉服的余料弃之可惜，应该如何处理？我说如果有猫的话，就给它做身同款汉服吧，不管是圆领袍还是齐胸都可以！自己亲自动手，用汉服余料给猫咪做身萌萌的“亲子装”，是爱猫同袍独有的浪漫。哪怕是从汉服商家处买的成衣，也可以询问商家是否可以把同款余料一并寄回，给猫做个小饰品也绰绰有余！

一只猫，成了大部分都市青年的心灵慰藉，在空荡荡的家中，还有它在等着你。许下一个约定：春天，和猫一起去赏花。

穿上汉服，竟能收获年会的高光时刻？

年会已经逼近，什么样的衣服能让你收获迷人的“高光时刻”？当然是汉服！只怕别人也能想得到……这篇文章就来聊一聊，年会穿汉服，怎样才能与众不同？

汉洋折衷 打造完美复古系

汉洋折衷是最经典的出圈装扮。这几年中西结合的搭配比比皆是，有戴英伦风帽子、长手套，穿着长靴、手持长柄伞彰显风格的，也有梳长卷发或是欧式盘发来打造造型的……其实，只要搭配得当，哪怕一只小小的珍珠发卡都能打动人心。

什么是汉洋折衷？汉洋折衷并不是戴个贝雷帽、梳个长卷发那么简单。搭配什么其实并不重要，重要的是把这两种不同的风格融会贯通，哪怕走在街上，都不会让人觉得怪异，而是令人眼前一亮："汉服居然也能这么穿？好看！"这，就是汉洋折衷的初衷。

不少人的汉洋折衷风格都是通过复古发型和配饰来呈现的，比如西式礼帽、网纱、手套、丝绒包，比如上海滩发型、中世纪欧洲名媛发型、简约风盘发。最简单的呈现方式，就是大波浪卷发。需要注意的是：波浪卷越小越能凸显一种精致、成熟的复古感，但对脸型的要求也更苛刻；大一些的波浪卷对于着装的包容性更强，哪怕是法式卷，也能营造独特的韵味。

传统出新 细节营造中国风

如果想走传统的汉服风格，怎样搭配才能出彩？这里提供一些小窍门：可以在传统汉服上增加襟饰、禁步，手提青花瓷风格的包包。与其尝试如何让传统出新，不如让传统汉服的搭配更具中国风。

即便是传统的搭配方法，也不能两手空空。在妆发合宜的前提下，也需要一些恰当的道具，比如扇子、伞、花束等用来打造造型。如果都没有，就拉上一个同袍一起来合影吧！但是要注意装扮和举止的得体，尽量避免穿传统汉服做一些不雅的小动作，给大家留下最好的印象！

元素魅力 风格碰撞最时尚

如果既没有汉洋折衷的道具，也没有传统汉服，只有单件的汉服，或是一件汉元素、中国风的衣服或裙子，又该如何搭配呢？其实，汉元素的定义可以非常广，哪怕只有中衣，也可以很时尚！

高阶的汉洋搭配，更追求风格的碰撞与融合，例如以西式裙子搭配汉服上衣，或者反其道而行之。此外，我们也可从细节入手，用饰品对外套进行装点，这种搭配也更适应现代出行的需求。

值得提醒的一点是，无论选择什么衣服，出门前都应熨烫得当。纯棉、缎面、真丝的面料尤其不易打理，产生的褶皱很可能让你在起身时略显尴尬。如果真的怕出问题，就避开难打理的面料，选择挺括的材质。祝愿大家都能成为年会上最闪亮的焦点！

不要拦着小姐姐
穿着汉服婚纱去结婚啦！

身边很多朋友想举办一场中式婚礼，我建议可以试试穿着汉服，但他们又不能完全放弃白纱，换装又觉得风格不匹配。因此，在这里想分享一些我关于汉服婚纱的设计灵感。如果有一天结婚，能为自己做一件汉服风格的时装婚纱，也是一件很美好的事。

说到汉服婚纱的改造，最容易的做法就是从材质入手。材质可以选择蕾丝和白纱：蕾丝作为上衣下裙的材料，白纱做衬裙可以营造出蓬蓬裙的质感。早期月到风来阁的裙子多用裙撑，穿着效果非常适合走秀，再搭配一件头纱，可以兼顾西式婚纱的一些特质，仙气飘飘。需要注意的是，蕾丝和白纱的散热性未必够好，所以并不建议在炎热的夏季穿着。

其次是形制。因为衫裙下摆的可操作空间比较大，因而也是最适合婚纱改造的形制。一些韩国款婚纱的设计其实也可以作为齐胸衫裙和齐腰袄裙改造的参考。一般而言，上衣可以采用比较轻透的材料，下裙则可以稍微繁复一些，反之若上衣较为隆重，下裙则以简约为主。整体来说，这种款式不会像西式礼服那样要求腰身，反而会有一种庄重的感觉。小礼服则可以修短下裙或者收一半下裙（用绑带收在腰上），这样可以衬托可爱的气质。

此外，也可以参考日式和服婚纱，对汉服直裾、襦裙进行改造。和服婚纱追求质感，纱不再作为主体材料，而是成为点缀的装饰。这样的设计保留了和服的传统韵味，同时也添加了西式的元素，算是比较保守的做法。也有婚纱只是沿用了和服的面料，但形式上改成抹胸长裙，做收腰、立体化设计……这样就完全是西式的款式了。虽然我个人并不十分喜欢这种设计，但也不得不承认这种设计的市场反响最好。

之前也曾看到，有人将传统和服的两个袖子折叠，并在身后打上一个装饰性的结，就能瞬间变成一件令人眼前一亮的抹胸款婚纱礼服。这个做法十分巧妙，值得汉服同袍借鉴，因为毕竟就算是汉服婚服，应用场合也很有限。日常穿着中，也可以多使用一些类似的小技巧，比如可以通过搭配一件抹胸，增加一些配饰，来为同一件汉服赋予不同的风格和气质。

另外，市面上有些商家也做过不少改造，从这些案例中也可以吸收一些想法和创意。

其实，除了婚纱改造之外，汉服设计还有更多的可能。想要做出惊艳的改造设计，简单换换面料是不够的，还需要更多地渗透汉服的本质和精髓。

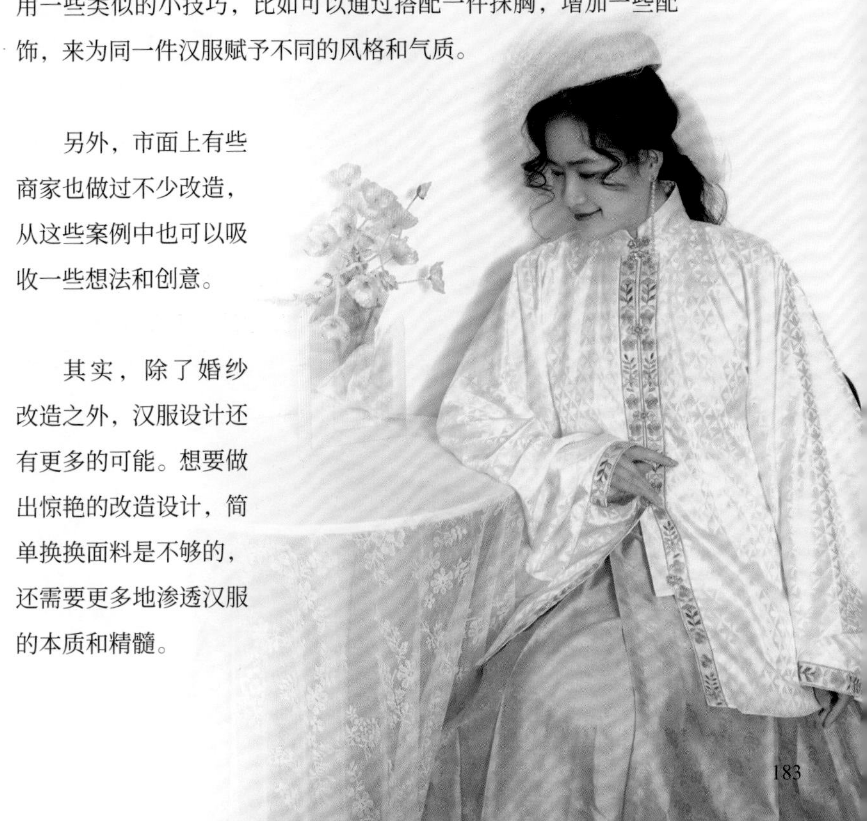

女朋友眼中的华夏男儿，到底该怎么穿汉服？

汉服给男士们提供了光明正大穿“裙子”的机会，然而这并不意味着穿上汉服就会变得“阴柔”。相反，汉服穿着得体，更能凸显华夏男子的气概。那么，在女朋友眼中，男士怎样穿汉服才更合宜呢?

许多同袍都和我提到过“男穿汉服总有女相”的问题，其中一个原因在于，现在许多商家宣传的一些所谓男女同款的汉服，实际上仍是依据女子身材做出的版型，所以许多男士穿起来总让人感觉有些不对劲。

除去商家的问题，还有一个原因是汉服的腰线位置不对。女子为了调节比例，往往会将裙子上提一些，束在腰身最细处，打造出“嫋嫋一袅楚宫腰”的效果，然而这对男子来说并不太适宜。男子不必追求腰细，可将裳稍稍下移一些，不仅更舒适，也不会过于女相。

漫画家夏达就曾做过一组对比，同一身圆领袍，只是腰带的位置略有不同，便呈现出不同的气质：腰带位置靠上时，很容易让人感觉到是女扮男装（更有女性气息），而将腰带稍稍下移，就能凸显出十足的少年英气。这不仅可以指导女性同袍如何更好地驾驭男装汉服，也提示了男子在穿汉服时需要注意的地方，毕竟男女的身材比例略有不同。

汉服给人的印象常常是典雅繁复的，但也并非没有干练利落的形制。充满时尚感的汉服，往往可以兼具视觉冲击感与古典韵味。

① | ③
②

① 圆领衫 / 袍 + 下裤

② 交领半臂 + 下裤

③ 直裰

穿搭法则

- **褙子 + 下裤：** 褙子比较修身，内搭 T 恤、牛仔裤，干净利落。
- **交领半臂 + 下裤：** 把交领当作衬衫穿，搭配日常下裤、运动鞋。
- **圆领衫 / 袍 + 下裤：** 做工精致的双面圆领上装，搭配靴子，英气逼人。
- **直裰：** 深色系直裰具有修身效果，烘托书生气质。毛领在细节上以精致取胜，搭配眼镜更显斯文。

肤色偏黑的男性同袍尽量避免荧光色及带光泽的布料，如亮面真丝、提花绸等。同理，在叠穿时尽量使用同色系，不要加入过于出挑的亮色系，避免撞色、跳色。

个子不高的男生应避免穿着过长的汉服。长至小腿的汉服在视觉上具有增高效果，适宜个人出镜。若是与伙伴一同出行，长款汉服会显得有些拖沓，这时为了视觉增高可以戴上帽子，如东坡巾、四方巾等。

微胖的男性同袍尽量不要选择有束腰的汉服款式，应选择直下式的汉服，如道袍、宋长衫、褙子等，这样穿既宽松又从容。

此外，男生穿汉服前，最好先修眉，这样更能凸显精气神。请女友帮忙修一双剑眉吧！若不习惯眉形的改变，可先从自然眉开始尝试。修眉既可以改善形象，又可以和女伴增进感情，何乐而不为？

养护篇：汉服日常保养手册

买回来的汉服，如何清洗和保养？

为何有的衣服历经岁月，还能光彩依旧？这与日常的精心呵护息息相关。尤其是以上好材质精心定制的汉服，更需要无微不至地保养洗护。

精挑细选的汉服，买回来该如何保养呢？首先应咨询汉服商家，因为汉服商家往往参与了汉服的设计和制作，因而也了解如何保养面料。此外，也要格外关注商品详情页的面料介绍，如果没有注明面料的详细信息，请一定仔细询问商家。

当你不确定一件衣服该怎么清洗保养时，最简单最直接的解决方法就是看水洗标。国内售卖的衣服大部分都会在水洗标上直接给出图标配合文字的说明，介绍最适合的清洗方法及养护注意事项。然而，大多数汉服是不带水洗标的，这也令很多同袍感到头疼。

那么，对于日常生活中常见的汉服面料，例如雪纺、棉、麻、丝等，在没有水洗标提示的情况下，又该如何打理呢？接下来我们就来一一介绍。

常见面料的特点与洗涤保养

雪纺 Chiffon

雪纺，名称来自法语Chiffe的音译，意为轻薄透明的织物。雪纺衣服质地轻薄透明，手感柔爽富有弹性，外观清淡雅洁，具有良好的透气性和垂坠感，穿起来飘逸、舒适。

洗涤及保养方法：

- 浸泡洗涤，随洗随浸，水温不宜超过45℃；
- 轻柔洗涤，忌用力搓洗；
- 洗涤后拉伸熨烫、避免缩水；
- 自然滴干，忌用力拧干；
- 宜阴干，忌日晒，不宜烘干；
- 应与其他衣物分开洗涤。
- 厚重装饰的雪纺最好是平放在衣橱里，这样不容易变形；
- 穿过一次的雪纺汉服不宜放在塑料衣袋中，最好以布料的衣袋进行收纳，既透气也不会沾染灰尘；
- 有袖子的雪纺汉服可用衣架挂起，应选用布料做的衣架，或者把衣架的两头用小毛巾包起来，避免袖子变形；
- 喷洒香水时要注意距离，以免留下黄斑。

涤纶 Polyester

涤纶，即聚酯纤维，坚牢耐用，抗皱挺括，具有较强的弹性恢复能力。此外，涤纶面料的耐热性较好，可塑性强，用涤纶面料做成的百褶裙可以长时间维持形态。

洗涤及保养方法：

- 适合用各种洗衣粉及肥皂洗涤；
- 洗涤温度在45℃以下；
- 可机洗，可手洗，可干洗；
- 可用毛刷刷洗；
- 在日常养护中，不可曝晒，不宜烘干。

欧根纱 Organza

欧根纱，又称柯根纱，质地透明或半透明的轻纱，多覆盖于缎布或丝绸上；欧根纱本身具有一定硬度，易于造型，被欧美国家广泛用于婚纱、连衣裙、礼服裙的制作。当前采用欧根纱作为主要面料的汉服比较少，因其穿着时的舒适度有限。

洗涤及保养方法：

- 忌机洗，应手洗，揉搓要轻，避免纤维受损；
- 不宜在冷水中浸泡过长的时间，5 至 10 分钟为宜；
- 洗涤时可用中性洗衣粉；
- 阴干，忌日晒；
- 欧根纱的特点是耐酸不耐碱，为了保持衣服色泽的鲜艳，晾晒前可在水中滴入几滴醋，再浸泡 10 分钟左右晾干；
- 欧根纱面料的衣服不宜喷香水、清新剂、除臭剂等，因为这样可能会导致衣服吸附气味或变色；
- 欧根纱面料的衣服在衣柜里最好用衣架挂起，不要使用金属衣架，防止衣服被铁锈污染。

棉料 Cotton

纯棉面料是夏季服装面料的首选。由天然纤维构成的纯棉面料，质量轻，吸湿透气性好，在炎热的夏季也可以让肌肤保持清爽，同时也不会刺激皮肤。此类服装易打理、不易变形，可搭配性强。

洗涤及保养方法：

- 纯棉面料耐碱性强，可用中性洗涤剂进行手洗或机洗，洗涤时不宜用力搓洗或局部搓洗，最好选择冷水清洗；
- 汗湿衣服不宜长时间放置或浸泡，以免汗渍中的蛋白质凝固而粘附在服装上，出现黄色汗斑；
- 洗后轻扭挤干水分，晾晒时要将衣服整理平整，并将衣服翻到反面平铺阴干。
- 深色的棉质衣物在第一次穿着时，可用冷盐水浸泡 2 ~ 3 小时，降低褪色概率。

丝麻 Silk & Linen

丝麻，真丝和麻混纺而成的面料，兼具两种纤维的优点，清爽透气，色泽较为鲜艳，具有光泽，对酸碱不敏感。

洗涤及保养方法：

- 忌使用硬毛刷刷洗或用力揉搓，以免面料起毛，忌拧绞；
- 丝麻材质不可漂白，不可干洗，且极易缩水，可将衣服的一角浸入水中，若缩水程度不大即可水洗；
- 选择中性洗涤剂，洗涤前可在冷水浸泡 1 ~ 2 分钟，不宜过久，以免褪色；
- 熨烫时温度要控制在 200 ~ 230℃之间，半干时熨烫，褶裥处不宜重压熨烫，以免致脆；
- 丝麻的吸湿性很好，在储存时要注意防止霉菌微生物的繁殖，保持织品的洁净和干燥，特别在夏季多雨的季节要注意检查和晾晒。

真丝 Silk

真丝也被称为纤维皇后，质感柔软光滑、温润细腻，穿着凉爽，具有良好的亲肤性。此外，真丝面料也可以保护皮肤免受紫外线的伤害，因而也有“冬穿羊绒、夏穿丝”的说法，是十分适合女性贴身穿着的面料。

洗涤及保养方法：

- 真丝类衣服色牢度比较差，温度稍高就会掉色，应用冷水洗涤，尽量手洗；
- 真丝主要由蛋白质组成，而碱性的洗衣粉会使蛋白质变性，从而导致真丝面料产生褶皱。建议使用专用洗衣液或者儿童沐浴乳进行清洗；
- 真丝衣服漂洗后要过下酸，操作方法是在水中加 5% 的白醋，把真丝衣服放入，浸泡 2 分钟，这样可以起到固色的作用；
- 真丝不宜直接熨烫，建议八成干时在上面加盖一层湿布再熨烫，熨烫温度应控制 150℃以下，熨斗不宜直接按触绸面；
- 真丝外穿时尽量减少与硬物的摩擦与强拉硬钩。

呢绒 Woolen

呢绒是冬季外套的主打面料，主要以羊绒为主，以羊毛所占的百分比来区分品质。呢绒具有抗皱耐磨、防水耐脏、易清洁等特点。

洗涤及保养方法：

- 呢料遇水易膨胀回缩，建议先用冷水浸泡 5 ~ 10 分钟，再放入中性洗涤剂、醋、食盐，用温水浸泡 5 ~ 10 分钟；
- 晾晒时先建议用平铺晾晒，再悬挂晾晒；
- 尽量在阴凉处通风晾干，不宜在太阳下暴晒。

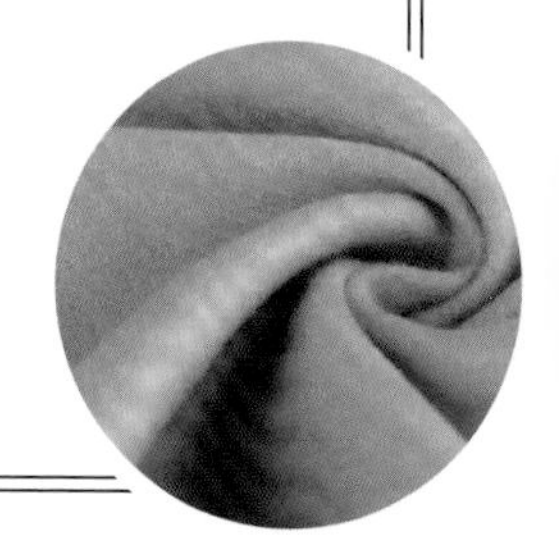

除了这些常见面料之外，汉服也会用到毛料、皮料等面料，这类面料应尽量减少清洗次数，如需清洗建议送干洗店进行专业清洗。

以上推荐的洗护方法仅供参考。另外，针对汉服的清洗，领子和裙摆也需要特别关注，如有必要可以先对这两部分进行手洗，再对整衣进行机洗。总之，汉服的清洗和养护需要慎之又慎。如果养护措施不当，很可能对衣物造成不可逆的损害，所以汉服洗护时一定要具体情况具体分析。

汉服太多怎么整理？助你解放衣柜！

身边的汉服同袍往往都有强大的购买力，总是感觉自己的衣柜里还少一件心仪的汉服。久而久之，望着衣柜中“堆积如山”的汉服，她们也会不由得思考这些问题：这么多汉服，哪些适合挂起来，哪些适合叠放？怎样收纳能让自己最快挑选出需要的汉服，而且不至凌乱？关于汉服的整理和收纳其实有很多的技巧。

根据汉服长度，安排横向位置

常见的汉服，短款（有些上衣袖长更长，此时请考虑袖长）长度大致在50～60厘米，较长的款式如长褙子、长袄，长度大于60厘米。短款衣服可以整理好挂在一侧，长款衣物可以挂在另一侧，所有的裙子放在一起。

一般而言，悬挂汉服时在下方预留20厘米高度的空间即可。老衣柜可以用免打孔晾衣杆来调节高度。短衣还可以在同一空间内上下分别悬挂，这样可以提高衣柜的收纳效率。

根据穿着频次，安排高低位置

以顶天立地的衣柜为例，平时不常穿的衣服可以放上层，穿着频率高的放中间，次常用的放下层。衬裙、中衣这类可以叠放，内搭如抹胸就放在中间位置（如有抽屉最好放入抽屉中，没有的话也可以放入收纳筐）。

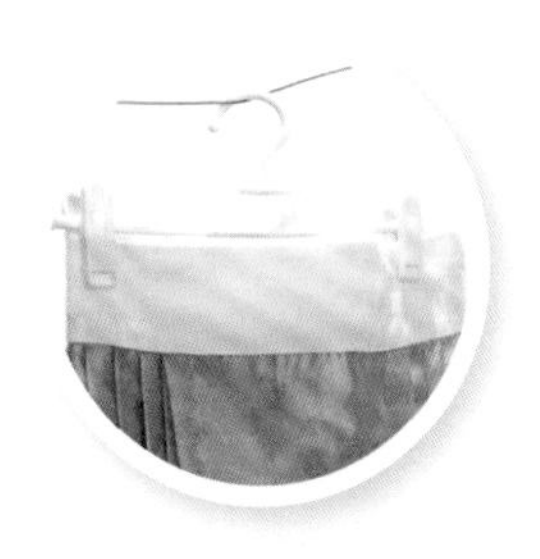

叠放也可以使用专用置衣篮，整理起来会更方便。

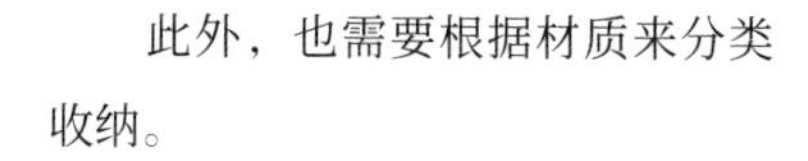

此外，也需要根据材质来分类收纳。

比如，真丝面料的汉服容易起皱，在夏季可以直接挂起来；混纺、化纤、针织等面料的汉服较好打理，可以叠放，也可以卷起来收纳；比较贵重的织金、马面，可以用单独的盒子进行收纳。

另外单独的鞋子，可以用鞋盒子来收纳，放在架子最下面（这就是预留20厘米的用处）。

此外也要注意：

- 较重的汉服，一定要用木质衣架/裤架，而且夹层最好有胶质或海绵，增加摩擦力。
- 比较重的衣物，不适合挂着，可以放在盒子里（商家寄来的飞机盒这时候也派上用场了，可以重复利用）。
- 挂裙子的时候记得把系带收起来，卷在挂钩处，不要让它垂下来影响到其他衣服。

按照颜色顺序来摆放

可以参考彩虹色摆放法，将同色系的衣服放在一起，按渐变色来排序，方便找到自己想找的衣服。这也是一个很重要的技巧。

用首饰盒收纳饰品

带格子的首饰盒，适合收纳多而杂的首饰，可以按类别来放首饰，比如簪子和簪子一起放，发梳和发梳一起放，耳环与耳环一起放。再分享一个小窍门，我一般会将搭配汉服的发饰和时装发饰分开收纳，这样分辨起来很容易！

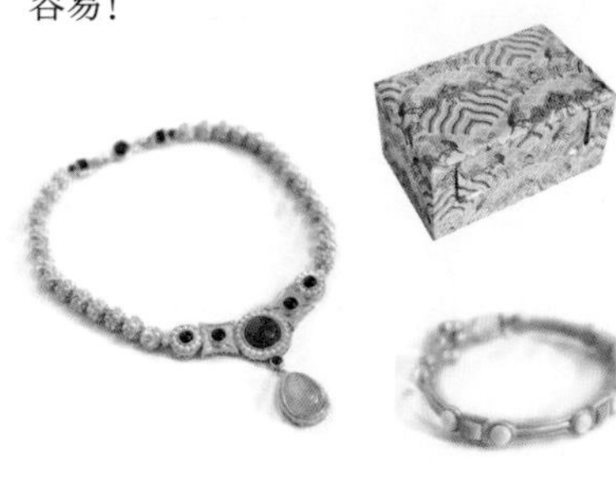

造型篇：5分钟教你做1个出门发型

汉服造型中，发型也是中国风元素的一种重要表达。但是在日常穿着汉服出行时，许多同袍因为出门匆忙，或认为汉服妆造非常困难，往往选择放弃发型。实际上，发髻在汉服造型中是最传统同时也是最简便的一个部分，熟练之后，几分钟就可以轻松完成：

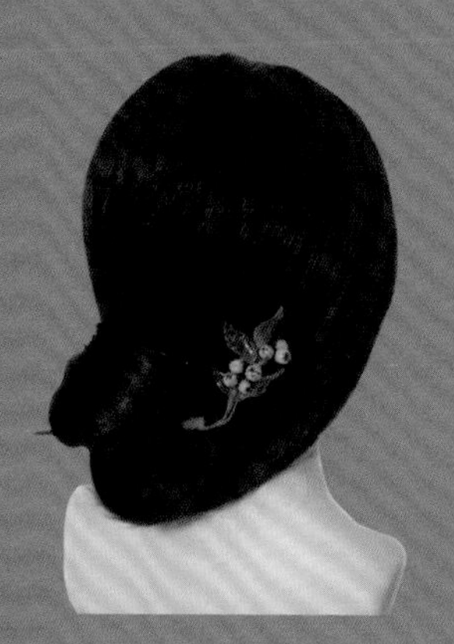

01 一根簪子 挽出经典盘发

① 将头发梳成一束并挽起，可以挽在一侧，也可以挽在脑后；

② 挽的时候要注意头发要挽紧，挽到最后不要松手，直接插入簪子；

③ 簪子不要水平横插，应一头挑起斜插进发髻；

④ 将发尾藏在发髻里，再佩戴上喜欢的发饰，大功告成。

02 用编发的方法梳出双侧式温婉发髻

① 将头发中分，或斜分为两股；
② 取上半部分头发，编成麻花辫；
③ 将两边的麻花辫分别和剩下的两缕头发一起扎束；
④ 不断盘绕这两股头发，用夹子夹住；
⑤ 如果想垂一缕头发，则在盘绕前留一缕头发，这样会修饰脸型。

①
②
③
④

03 只需四步盘出温婉的垂髻

① 将头发束成一个中等高度的马尾辫，用发圈固定；

② 将马尾部分编成麻花辫；

③ 在靠近马尾正上方的部分划开一个空间，并适当用手指疏松；

④ 将麻花辫向上翻，塞入这个空间，适当调整位置。

04 快速上手的清爽高髻

① 尽量在头顶位置扎束马尾辫，用发圈固定；

② 将马尾部分编成麻花辫；

③ 将马尾辫以扎束为中心盘绕；

④ 最后将发尾用夹子固定，以发带或者发簪进行装饰。

当我穿汉服的时候

我在谈什么

我在谈什么 当我穿汉服的时候

我从了解汉服到现在已有十多年了，每每与人说起汉服，寄希望于别人能将汉服的美好传达出去时，却常常被“泼冷水”。

他们的答复是，你经常穿汉服，你更应该去传达你想传达的事。

这对我的冲击很大。正因为我穿着汉服，好像就背负了一种沉甸甸的使命。穿着一件民族服饰，我就天然地成为了这个多数民族推广传统文化的一员，也应该去做一些事。所以，这其实是一件很微妙的事情：穿不穿汉服是一个话题，一旦穿上了，便有了一种天职。

我身边很多家人和朋友都看过我穿汉服，即便没看到本人穿着的样子，也至少看过照片。我母亲原本很不喜欢我穿着汉服，但后来因缘际会，有一次主动提出将我七年前一张穿汉服到乌镇旅游的照片设置为朋友圈封面，我受宠若惊。

我并不强迫别人和我一样热爱汉服。出门旅行，我习惯带一套汉服，并和同行的朋友说好，哪一天觉得时机恰当，我就会穿着汉服出游，那时如果他们看到，感觉不适，可以跟别人说不认识我。这本是当作一种玩笑来讲的，但我很感谢我的朋友们，他们并没有因为我穿着汉服而真的装作“不认识”我。我想，他们应该是真正喜欢我这个人的，而不在意我的外在。

在本地，一些传统文化相关人士聚会时，我一般会穿着汉服出席。有时行程安排比较匆忙，我就直接穿便服赴会。事后朋友告诉我，虽然这次你没有穿汉服，但是你的行为举止很有气质。

我很喜欢听到这样赞美的话，尤其是这些话出自于熟悉到可以开玩笑的朋友口中，于是我便追根究底地问，为什么？

他说，有的人穿着汉服，是汉服在养人，而你穿着汉服，给人感觉你是真正适合汉服的，是你在养汉服的气质。

传统文化确实能养人。当你穿了十几年汉服以后，你就会在这种文化滋养中形成自己独特的个人气质，而这种个人气质又会反过来，为汉服笼罩上一层优雅的弧光。

对我来说，朋友的话是一种莫大的夸赞，以至于我再也“不敢”随便穿汉服了。很多刚开始了解汉服的朋友和我说，穿汉服应该讲究场合。我觉得某种意义上，他们比我更懂汉服。

在这一章，我希望分享一些我对于汉服的观点。或许你想了解为什么有人会把穿着汉服当做一种习惯？为什么他们会在别人不解的眼光中坚持推广汉服文化？当他们穿着汉服的时候在谈什么？穿着汉服是如何成为一种生活方式的？请继续往下看。

塑己篇

01 / 什么样的人适合穿汉服?

我们本地的文化圈子很小，早年间聚会吃饭，总会碰到一两个人对我们提出批评："你们穿汉服真的不好看，简直影响了汉服的感觉。"接着便是评价我们的仪态、举止与汉服的气质不符。

听到这样的建议，无论对方是否了解汉服，我都会先道歉，再允诺改过。多年来我一直在反省：汉服不是简简单单的一件外在的服饰，它也有自己的性格和特质，为什么我们穿着汉服，一举一动却往往与汉服的气质相违呢？

诚然，推广民族文化无非是想从根本上提升国民素养，但是，如果不能反观自身，从关注自己的每个行为举止开始，又怎能维持一件衣服的形象乃至一个民族的声望？

很久以前有个女孩哭闹着来找我，说有路人直指她没礼貌，不适合穿汉服。我一边安慰她，一边和她说，并不是任何年龄段的任何人都适合穿汉服的。而且，穿汉服，也需要讲场合，譬如重大仪式场合的服装与私下的服装也不尽相同。正如前面所言，其实我们许多穿汉服的人并不真正懂得怎么穿汉服。

追根溯源，民族服饰、礼仪的产生更多是一种文明的象征，为了约束人的言行举止。穿上这身衣服就意味着成为一个文明人，许许多多文明人集合在一起就代表我们的国体。如果让人看见一个国民穿着礼服却行为粗野，这显然是不合礼节的。然而，与其说一个人的教养体现在衣服上，不如说教养体现在穿衣服的这个人。我自己越来越清楚地意识到这一点。

汉服文化推广历经十多年，有人说进度还是太慢，实则是太快了，快到许多人在还没有做好穿汉服的准备，就已经穿上了汉服。归根结底，我们自身的修养还有很大的差距。一些同袍希望在有生之年能看到汉服复兴，我对此当然也抱以真诚的希望。但另一方面，我力所能及的就是尽力维持汉服给人留下的良好印象，一些目前做不到的事情，我也不敢贸然去说。至于现在出门，每当有朋友问起我现在做什么，我会说我喜欢汉服，正在努力学习、了解它的文化，仅此而已。这于我而言是一句天大的实话，但事情若做得足够好，在外人看来，反而是一种谦卑。

我想，关于汉服与汉服文化，或许是我们讲的太多，做的太少。但，即便做得足够好了，我们也应该对传统文化保有一颗敬畏之心。

总之，若想穿上汉服，走出去，走得更远更好，首先需要有发乎其身的美德和修养。至于追求汉服有多么华美，计较桑蚕丝的百分比是多少等，则都是后话了。

02 / 你为什么会喜欢上汉服?

正因为不少年轻人都开始关注汉服，这一种文化传统也逐渐成为公关的蓝海，相关活动层出不穷，在“群魔共舞”的同时也为汉服带来了一定的关注度。或许在一般人看来，汉服是“火”了，然而，这样的“热度”更像是一种“维持”而已，在推动汉服复兴的道路上并没有起到多少实质性的助益。

我的朋友常对我讲，复兴汉服真的是件很苦很难的事，因为汉服作为一种文化传统虽然源远流长，但在当代的复兴运动起步较晚，群众基础薄弱，普通人大多对汉服知之甚少。我并不想放大这些困难，让整个汉服团体处于一个被人“怜悯”的位置。直到我穿着汉服出门，总是听到别人说：“你喜欢汉服啊，真好呢，是个小众的爱好”，我才有一种发自内心的无力感。的确，大多数人并不能理解我们对于汉服的热爱。在他们眼中，汉服不过就是一种衣服风格，买汉服、穿汉服都是一件很“容易”的事，汉服群体作为一种兴趣爱好的团体也和COSPLAY群体没什么两样。有时，我也在想，应该努力让汉服从大众视野中的一种“爱好”变为一种尊重，或许这只是一个观念上的转变，但可能也会为汉服文化甚至整个汉服群体带来根本性的改变。

再看传统文化的其他分支，它们的迷人之处皆在于对制式的不懈追求。如祭祀的流程不只是祭祀中的仪轨，还包括祭祀前的沐浴焚香，甚至包括身心的整饬与调养。这种文化背后的深层底蕴也让更多人产生好奇，进而尊敬。于我而言，汉服最有魅力之

处也正在于此。所以我认为，包括汉服在内的中华传统文化在现代可以有各种各样的推广形式，但制式和流程是必不可少的。在推陈出新的同时，我们也不能放弃对于传统的坚守。

如今网购一件汉服十分容易，但你真的做好准备去遵从它的制式和传统吗？我认为这是发自本心去做的事情，而这样自发的行为导向长此以往又会成为一种潜移默化的习惯，如同日常，又怎会感到艰巨困难？

这几日看了一本心理学的书籍，里面提到，不能对别人说“你应该怎样”，而应说“你能够 / 可以怎样”。这里的“应该”具有一种外在的强制意味，而“能够”则是自己心之所向。如果从自己的内心出发，去热爱汉服，真正让“汉服被自己接受”，那么距离“汉服真正被他人接受”也不会很遥远。

03 / 穿汉服之前需要先做功课吗?

你是不是担心穿汉服被别人批评?

你是不是发现有些汉服同袍特别“严格”?

……

在了解汉服的过程中，难免会遇到很多争议。这些争议其实源于不同人对待汉服的观点和立场有所不同。归结起来，喜欢汉服的人，大致可分为三种：

单纯认为汉服美观特别而穿汉服的人

汉服本来就是一种服饰，因生活需要而诞生。而一种服饰，除了满足基本的功能性需求之外，它的美观程度及其蕴藏的独特气质，也是十分重要的元素。所以将汉服单纯视为服饰中的一种，追求好看、特别，对于一般人而言，也无可厚非，而且这样穿汉服门槛更低，

在穿着和推广汉服的过程中，你是否秉承这些有利于汉服的做法：

- 穿着适宜、得体；
- 愿意对汉服进行更深入的研究；
- 虚心接受批评，且具有能分辨真伪的能力；
- 和别人交流时不是站在高处指手画脚；
- 愿意去用自己的认知或实践推进汉服文化的发展。

适用性也更广。现实中，这些人也在汉服爱好者中占绝大多数。

喜欢研究传统文化的人

这些人因为热爱传统文化而爱上汉服。他们研究各种文献和实物，有的兢兢业业为复原传统形制而奋斗，有的则不断努力诠释、修正现行汉服的标准。整体而言，他们的初心很好，但也有一小部分人的观念在旁人看来可能会有些“极端”，认为包容意味着被兼容，因而排斥汉服的变化和发展。

借汉服来为自己寻找存在感的人

这部分人并不是真正热爱汉服，而是借由汉服来为自己寻找存在感，人在哪里就把矛盾引向哪里，可以说是汉服圈中的“杠精”，大部分时候并不分青红皂白。

所以，当你面对争议时，不妨先看看挑起争议的本质是什么？

是你不尊重汉服文化？还是因为不了解而闹笑话？

又或者只是被无聊的人当作话柄？

汉服群体中无谓的争论已然很多，这对于复兴汉服文化而言不是一条坦途。这篇文章并不树立是非标准，因为我们谁也不是能树立标准的人，标准也不是为了限制人和事的发展，而是为了让人和事变得更好而存在的。孔子说的两句话一直被我奉为圭臬：“道不同，不相为谋”，“同则进，不同则退”。

汉服并非没有标准，只是不同维度的标准都有所不同。树立各种门槛和标准固然重要，但更重要的是确定一个共同的目标，让汉服文化的发展越来越好。

04 / 穿汉服会发生哪些不可思议的变化？

但凡身边穿汉服的人，身上都会发生一些不可思议的变化。这倒不是我胡说，而是在多年的观察中得出的结论。

喜欢穿汉服的人，大多都比较自信。这股自信来源于对民族文化的归属感，他们为自己的文明滋养出的服饰文化感到骄傲和自豪。我们总说民族自信，也许穿汉服出门，就是民族自信的一种体现。

汉服也可以给人带来气质上的提升。只要对传统文化稍有了解的人，在穿上汉服后都会有气质上的改变。这种改变不是从当代人变为“古代人”，而是指穿上汉服后会自觉关注礼仪，从而散发出一种古典优雅的气质。

穿汉服让人更加注重自己的形象。也许正因穿汉服会引来不少侧目，所以大部分人穿上汉服后就会更加留意自己的外在形象，比如发型是否得体，饰品是否适合这身衣服，穿球鞋搭配汉服到底好还是不好？

汉服让人的行动更为自在。不仅是因为宽袍大袖，日常汉服的平面剪裁也更适合国人的生活。出行时穿着汉服，不会如西方立体剪裁的服饰那样有拘束感。

穿上汉服让人忍不住多拍照留念，就算不是第一次穿汉服，也希望能留下此时此刻穿着汉服的模样，无论是他拍还是自拍。

还有一点，穿着汉服容易找到同样穿汉服的同袍，平时聊天也会多一个话题，一起关注传统文化的传承……

这些是我近几年发现穿汉服会发生的不可思议的变化，也欢迎同袍们进行补充。

解疑篇

01 / 穿汉服可以散着头发吗?

很多人刚进汉服群，就会被这句话震惊，进而奉为圭臬——“我们不能披头散发，因为孔子说了披着头发穿着左衽的衣服就是胡人了。”（原文出自《论语 · 宪问》：“微管仲，吾其被发左衽矣。”）

其实这句话的意思，并不是说披着头发就是胡人。在古代，汉人成年时，男子会行弱冠礼，女子会行及笄礼，自此之后头发就会束起来。中国儒家传统最注重“礼”，束起的头发是礼的一个外在表现，也是一种文明的象征。当时，许多少数民族都披散着头发，在古代汉人的眼中，这些人是没有受过文明教化的（这种理解或许多少也有一种站在高处的偏见）。

穿着汉服究竟能不能“披头散发”，在今日其实并没有那么严格的规定，但至少要做到行为举止得体，最基本的原则是：不能因自己的行为让别人对汉服文化与汉服群体留下负面印象。能做到这些，正常散发，保持优雅的仪态，也会对汉服推广起到很大的正面作用。

虽然在今天，穿着汉服时对于头发一般没有什么要求，只要得体即可，但以下情况还是需要同袍们特别注意：

- 大风天尽量扎束头发，否则发型凌乱不易打理。
- 在重大仪式场合，尤其是祭孔等传统典礼上，尊礼是前提，也应把头发扎束起来。

02 / 穿汉服的时候，手机放在哪儿？

答案是——袖子

《红楼梦》第二十七回，宝钗扑蝶时向袖中取出扇子来；《水浒传》第三十七回，宋江与戴宗见面，宋递与吴用之书，“那人拆开封皮，从头读了，藏在袖内”；甚至信陵君窃符救赵的时候，都要靠袖子救场：“朱亥袖四十斤铁椎，椎杀晋鄙。公子遂将晋鄙军。”

中国古代有身份的人往往穿着宽服大袖。袖子里缝有口袋，口袋的开口方向与袖子的开口方向相反，而且开口处呈收口的梯形。这样，把银子、书信一类的东西放入口袋，即使双手下垂或作揖，里面的东西也不会掉出来。

根据《中国古代服饰研究》一书，可以把袖形粗略地分为宽袖、垂胡袖 / 琵琶袖、长袖 / 大袖、窄袖 / 小袖几种。像垂胡袖、琵琶袖这些独特的袖子形状，也很适合装东西。

正因为古人总在袖子里藏东西，比如装钱财等，所以才会用“两袖清风”来形容清正廉洁的官员。除了袖子，古人也用包包、香囊等装东西，风潮丝毫不弱于当代。

除此之外，袖子还有这些功能——

- **擦眼泪：**屈原《离骚》中“长太息以掩涕兮”之“掩涕”，白居易《长恨歌》中“君王掩面救不得”之“掩面”、《琵琶行》中“满座重闻皆掩泣”之“掩泣”，均是形容以衣袖擦泪；元曲中“淋漓襟袖啼红泪，比司马青衫更湿”是青衫衣袖拭面擦泪而湿。
- **行礼：**譬如古时常见的“敛衽礼”，《战国策·楚策一》中有“一国之众，见君莫不敛衽而拜”，《史记·货殖列传》中也有“齐冠带衣履天下，海岱之间，敛袂而往朝焉”的记述。

了解了这么多汉服袖子的功能，不禁要对它刮目相看了！

03 / 穿汉服怎么上厕所？

许多人理解的汉服都是裙装，如厕时非常麻烦，“穿汉服怎么上厕所”也成为不少人心中的疑问。这篇文章就来解读一下，什么样的汉服适合“方便”。

可以穿裤子款，汉服不只有长裙

你可以穿裋褐。

短褐的原意是用粗麻布或兽毛编织的上衣，后来也被引申为普通百姓的劳作装、便服（通常分成上衣下裤）。

可以穿中长款的两片裙

由两片面料缝合而成的两片裙，在宋代大受欢迎。两片裙可长可短，长可作为衬裙，短可作为围裙，日常生活为了方便，穿中长款即可。

可以穿飞鱼服

飞鱼服是明朝赐服的一种，并非锦衣卫的专属服饰。在明朝赐服制度中，纹样级别最高的是蟒，其次是飞鱼，再次为斗牛、麒麟，所以有了蟒服、飞鱼服、斗牛服、麒麟服之称。

飞鱼服之所以被人们认为是锦衣卫的标配，与锦衣卫的职能有很大的关系。除了作为皇帝的侍卫，锦衣卫还要充当仪仗队，其职能的特殊性使得他们的穿衣权限相对较大——这么忙，当然要穿着轻便！

如果一定要穿裙子

你可以试试用一个布兜把裙子挽起来。

你还可以直接将裙摆撩起来。至于怎么撩，每个穿过长裙的姑娘都懂。

消费观

01 售价上万的汉服到底贵在哪里？

之所以提到这个话题，是因为我早年间也购入了不少所谓的“高端汉服”，而且喜欢“囤货”。近些年汉服商家频频爆雷，导致我之前购买的汉服“高不成低不就”。之所以如此，一部分原因是汉服的工艺水平随着市场的完善一直在提升，还有一部分原因是，大家真的不了解，高端汉服的成本究竟是多少，到底贵在哪里？下面我们就来一起揭秘吧。

从面料说起

面料的价格是没有上限的。常见的较为昂贵的面料如苏罗，就是被不少商家频频挂在嘴边的“高端面料”。苏罗是罗之中品质较高的一种，好的苏罗1米的价格大致为200元，上衣至少需要2米，下裙至少需要3米，加上里衬的布和各种扣子，将近1500元。如果是买来自己制作汉服，则可能因为订货量较少导致单价变得更高。

再说绣花

比面料更昂贵的，便是手绣。有的是成品绣片，价格在几百元到上千元不等。也有的按面积计算，有的按天数计算。绣娘的工资至少100元起，绣一身苏绣至少得花上半月，满绣的汉服价格达到5000元也是合理的。如果只是局部装饰，1000元也可得到一件精品。

如果是机绣，要按密度划分，密度越高针脚费越高。局部绣花，低端的也就几十元，高端的也可百元，但总体而言，价格约为手绣的十分之一。

裁缝做工

除了面料和绣花，裁缝加工算是细活，加工费按款式不同在50~500元不等，全身上下最高可按1000元计算。

算一下总价

按照这个流程，先选面料，再去绣花，然后交给裁缝制作成衣，就完成了汉服的定制。

全套计算下来，定位最高的是精工满绣的花罗汉服，至少8000元，若选择局部刺绣，精工细作全身也就4000元；如果对刺绣工艺要求没那么高，那么一半价格即可搞定；如果对面料、做工也没有过高的追求，选择很多商家使用的混纺的织锦缎，加上局部刺绣，成本也就1000多元；如果采用机绣，那么只需几百元就可买下一整套汉服。

决定是否购买

价格高于成本的部分，就是一些商家的品牌溢价。这部分费用有可能是因为一些网红穿着所引发的明星效应，也可能是出于品牌自身的宣传与质量保证。关键要看多花的这部分钱有没有真正满足自己额外的心理需求。

但总之，一件汉服是有合理定价的，如果超过这个范围，而且效果没能达到消费者的心理预期，就不建议购买。目前，汉服暂时还未形成成熟的规范和品控体系，而且高端的汉服品牌，本就稀缺，所以才容易造成市场上的乱象。

另外需要注意的是，定制汉服是不允许退货的，到手后即便发现不如预期，也无可奈何。很多人都会参考电商平台或社交软件的推荐购买汉服，但是一定要擦亮眼睛，避免被广告误导。判断一套汉服是否适合自己，一般要先看买家秀，而不是被美化后的卖家秀。

其实，平时购买汉服，并不一定买最贵的，而应该买最适合自己的。对于一些同袍而言，有些高端汉服即便买下来，可能也会因为过于昂贵而很少穿上身，之后随着汉服市场整体工艺标准的提高被逐步淘汰，反而得不偿失。当然，一些长期处于行业头部、讲求品质和性价比的汉服品牌，也是非常值得购买、收藏的。

02 / 二手汉服值得买吗?

二手汉服交易有助于闲置汉服的流通，不仅环保，也有一定的价格优势。购买二手汉服需要选择值得信赖的渠道或平台，此外也需要注意一些可能存在的陷阱：

买前看视频

不要轻信照片，要看在日光下和灯光下拍摄的两段视频，这样可以尽可能避免色差。

买前看好评

关注卖家的个人交易评价，如果有争议的建议不要买。

买前问细节

是否有破洞、染色，有的话都在哪些部位？面料是不是容易起球、褶皱？

只买喜欢的

价格低廉的汉服也许会让你心动，但不一定适合你，所以只买自己真正喜欢的汉服，会省去许多不必要的烦恼。

避免私下渠道交易

不要通过私下渠道进行交易，除非是可信任的商家。建议不要在社交软件上进行沟通，避免不必要的骚扰。

建议这些人不买二手汉服：

- **新手：** 新手购买二手汉服很容易受骗，但如果有经验丰富的朋友帮忙做参谋，二手汉服其实是降低“踩坑”成本的一种好方式。
- **注重品质的人：** 二手汉服最大的问题是品质没有保障，虽然有售后，但大部分都会标明不退不换，所以购买时一定要擦亮眼睛。

同时避免这样的心理：

- **炒汉服：** 囤积汉服等待涨价时再出手的行为不可取，因为大部分二手汉服的交易价格会按照使用度折旧计算，况且汉服市场的工艺标准也一直在提升，就算是“爆款”，也只是一时而已。
- **贪便宜：** 遇到钟意的汉服，认为价格合理就可以入手，如果过度追求低价反而会让自己身心俱疲。

个人认为，购买二手汉服的乐趣多多，不仅可以各取所需，还有可能结交到汉服圈的好友，不试试怎么知道？

03 / 买到“山寨汉服”怎么办？

许多刚入圈的新人常常在不知情的情况下买到“山寨汉服”，被有经验的同袍指出时，在尴尬之余也难免会有疑惑：到底什么是“山寨汉服”？

当今汉服圈中所谓的“山寨”，大多与汉服的设计有关。因为传统汉服的款式和形制在古代已经确定，沿袭至今，所以最容易被“山寨”的，就是设计。

这里的设计主要指的是绣花、印花等图案。这些图案往往取材于传统纹样，如果完全依此复制，严格意义上讲也不算真正的原创。但也有一些汉服品牌会对这些图案进行重新绘制和创意加工，如此也可认定为原创设计。抄袭、剽窃这些原创图案设计的汉服，就是“山寨汉服”。

还有一种情况是改良汉元素的一些创意设计，但不包括改短、大袖变窄袖这类的通用做法。这种情况主要指一些独创的设计发明，同时满足“首创”“独家技术”两个条件，比如某品牌独创了一款防雨汉服，剽窃这种技术的汉服也是“山寨汉服”。

怎样看待“山寨汉服”？其实大家也不必把它看得过于严重。在时装界，如何界定“山寨”本来就是一个难题，除非是图案、细节一模一样（像现在很多流水线低价生产的“山寨汉服”），才能确定是“山寨”。其他情况，则众说纷纭，难有定论。毕竟年代稍微久远一些的设计，都能被年轻设计师重新翻出来借鉴，只要略作调整，就是新的设计。这种现象在今日的时尚圈其实也并不鲜见。

即便如此，还是希望大家可以支持正品、支持原创，因为这样做不仅关乎个人面子，也有助于推动汉服市场的良性发展。

再聊聊怎么避免买到山寨汉服。

- **认清汉服店铺的名字：** 凡有“古装”“影楼”“清装”“戏服”等字眼的店铺，买到山寨汉服的概率较大。
- **仔细检查商标：** 很多山寨汉服没有商标，或者使用的是工厂的批量商标。在购买汉服前，可以让店家发一下实拍图和商标图。有些看起来非常粗糙的商标，很可能是山寨汉服。
- **去搜开箱视频：** 很多同袍会拍汉服开箱视频，可以“品牌名称 + 商品名称”的关键词形式进行搜索，看看大家买的汉服和你所买的汉服详情页是不是一致。

已经买了“山寨汉服”怎么办?

- **和商家商量退货：**建议刚买的汉服不要急于下水撕标，可以先让有经验的同袍帮忙看看。如果是山寨汉服，可以尽快和商家商量退货。
- **并非不能穿：**穿衣服首先是为了“悦己”，如果真的喜欢，就大胆穿出去，不必过于在意别人的看法。但像大型同袍聚会等场合还是要慎重，毕竟尊重也是前提。如果真的在意，可以自己稍微动手改造一下，也会有很多创意呢。

04 / 为什么买的第一套汉服都会后悔?

对于汉服爱好者而言，第一套汉服具有不一样的意义。第一次购买汉服，一次性入手全套，掌握关于汉服的全部知识，对汉服“萌新”来说要求未免过高。虽然很多社团也鼓励“萌新”了解汉服相关知识后再进行购买，但诸多活动“建议穿汉服入场”的规定以及活动现场的热闹氛围，让大部分人在刚接触汉服的时候就拥有了自己的第一套汉服。

新手选购汉服常常感到迷茫。面对社交软件、网购平台以及身边人推荐的各种各样的传统汉服，不少“萌新”无所适从，也无法甄别其中的高下优劣，最终往往还是通过“颜值”来做判断——哪套好看就买哪套。然而，这种选购方式会带来许多后续问题，也是不少人第一套汉服再也拿不出手的症结所在。

其实，我并不建议新手初次尝试便购买全套汉服。一是因为全套汉服“水更深”，新手购买容易“吃亏”；二是因为

购买时“一步到位”，对汉服的兴趣反而容易减退；三是因为穿全套汉服出门，对不少新手来说还是很有压力的一件事；四是因为这样做容易让更多人误以为参加汉服活动必须先拥有一整套汉服，无形中提高了了解汉服、热爱汉服的门槛。

从另一方面来说，建立一个对“萌新”友好、循序渐进的认知机制也很重要，比如可以先让他们了解什么是中衣，尝试购入一件半袖或长袖的上衣作为日常搭配，再到下裙等，逐步建立对汉服基本款的认知，由内到外、由基本款到复杂款、由日常款到礼服款……同时，也可以引导社团建立相关考试机制，作为对新人的激励。一整套相对友好的了解流程，对于新手学习、选购汉服也是一种很好的助益。

另外，很多人初识汉服时，会为其赋予过重的民族意义，这样反而容易会引起一些歧义和误解。其实，汉服本就是一种服饰，我们需要先了解它的基本功能，再去领会它背后的文化内涵及其承担的民族意义。同时，我们也需要不断提高汉服的实用性，丰富它的适用场景，这样才能吸引更多人了解汉服。

观未来

01 / 汉服真的火了吗?

十多年前，汉服还是一种不为许多人理解的“小众文化”，独立于主流之外，作为一种差异化的存在。近些年来，伴随着互联网的发展，汉服文化得以迅速传播，影响力也越来越大。然而，在面向大众、拥抱主流的过程中，汉服文化也被一定程度地曲解和庸俗化。很多人购买汉服并不是出于对汉服文化的理解和热爱，而是为了赚取目光和流量。在各类短视频平台上，从“汉服转圈圈”到“地铁穿越”再到各种“花式变装”，一波又一波的流量营销此起彼伏，“跟风者”比比皆是。

回归本质，汉服真的火了吗？我一直在思考这个问题。这个看似庞大的百亿消费市场背后，聚集着千万汉服同袍，但其中只有不到十分之一是活跃的汉服爱好者群体，其余大部分都是被网络营销一时所带起来的量。这里面，有掌握“流量密码”的网红，有被热播古装剧带动的剧迷，也有被父母以“吸睛”为目的进行打扮的小朋友……一时之间，仿佛全民皆着“汉服”，但当风潮退去，又会有几人留下呢？

沉下心来看，像汉服这样原本属于小众团体的文化，在没有建立起标准和根基的前提下，贸然被推上“大众化”这条道路，就容易产生“泡沫”。一个鲜明的例证就是，很多汉服商家为了逐利，一哄而上，致使几十元一套、质量堪忧的汉服充斥市场。而对于大多数相对“外围”的爱好者而言，汉服的形制是否规范、质量是否过关并没有那么重要，只要拍出来好看就行，价格自然是越便宜越好。短期来看，这种做法或许在一定程度上有利于汉服的推广，但长期来讲，“劣币”驱逐“良币”，既不利于汉服行业的良性、可持续发展，也会给更多想要了解汉服文化的年轻人带来负面影响。

除了“大众化”的影响之外，“低龄化”的趋势也不容小觑。网民的年龄结构让许多因网络传播发展起来的文化群体呈现成员“低龄化”的趋势，如电竞圈、漫画圈、JK圈等，汉服圈自然也包括在内。“低龄化”并不是不好，毕竟大家都愿意看到有更多年轻人能接受汉服。然而，很多年轻人并不具备能克服虚荣和攀比的成熟心智，于是“山正问题”成为汉服圈争论的焦点。其实，不只是汉服圈，奢侈品圈、潮品圈也存在“山正问题”，都是消费者为了“图便宜”，以低廉的价格购买大品牌的“山寨”商品，被发现后便承受来自其他一些购买正品的爱好者的嘲笑。

有人认为，可以给这些年轻人推荐一些形制正、价格合适的汉服店。但我以为，这并不能解决问题，因为问题的根源不在于价格，而在于虚荣心所带来的盲从与攀比心所带来的优越感。几年前，汉服圈不再讨论形制和版型，而是将大部分注意力放在批判、贬低“山寨”汉服上，这正是成员“低龄化”趋势所带来的负面影响。

回到主题，汉服真的火了吗？看到铺天盖地的报道席卷而来，各种汉服体验店如春笋乍出，举办活动一定要请上汉服小姐姐助阵，商家陷入恶性竞价的循环……我还是认为，真正的“火”，是汉服的形态已有保护壁垒，在其文化能被接受、认同的前提下有序、良性发展，而不是像这样畸形、过快发展，最后变成了这个时代的牺牲品。

02 / 怎样理解汉服的“现代化”？

谈到汉服的现代化发展，总会有人持保守态度。他们认为，汉服的“现代化”会受到西方服饰文化的“侵蚀”，在某种程度上就等同于“西化”，担心汉服会丧失掉自己的本色，不够纯正。然而，在我看来，这种说法其实并不恰切。

汉服在今日的发展，自然会受到东西方服饰文化交流碰撞的影响，但并不是说汉服的现代化就等于西化。首先，就东西方服饰文化比较的层面而言，作为东方传统服饰的汉服，本应对标西方传统服饰（至少是蒸汽时代以前的西方服饰），而非直接与西方现代服饰进行比较。事实上，东西方传统服饰本就有许多共通之处：东方也能见到窄袖修身，西方也有宽袍大袖和系带。二者最大的区别在于，西方追求立体剪裁，而东方则以平面剪裁为主。

其次，从历史发展来看，进入现代以来，东西方服饰都经历了巨大的变革。就东方服饰而言，民国时期诞生的中山装就是传统服饰现代化的一个典型案例。西方服饰虽然在现代化的道路上走得更快，但较其服饰传统而言，也经历了一番“削骨之痛”。

所以我们应当厘清，汉服的现代化不等于西化。现代化是所有文化共同的发展方向，汉服的现代化就是沿着这个方向，对传统的汉服进行一些调整和改良，让汉服更加适应现代生活。

其实，纠结于汉服发展多大程度上会受到西方服饰文化的影响并不是最重要的，更为迫切的是，应当探索出一条属于汉服自身的现代化之路。

以目前的经验来看，服饰的现代化，除去西方服饰文化中保留下来的一些基础特征之外，也存在以下这些共识：

- 衣、裤、裙都变得更短；
- 多件叠穿变为穿一件；
- 系带变为扣子；
- 针对身体结构线条，做更修身的设计。

这些现代化的特点让衣服的繁琐程度降低，穿着更为便捷，更能凸显身材，同时也能让衣服更好地适应现代人快速的生活节奏以及复杂多变的场景需求。

当然，在来势汹汹的现代化浪潮面前，我们也不应忽视传统。目前，也有一些学者与汉服同袍仍然致力于传统汉服的研究，他们为我们现代中国人的审美空间开辟出一方“喘息之地”，让我们有机会能够回归传统生活美学。对于这样的努力，我们应当尊重，毕竟现代化并不是要抹杀多元性，而是让传统更好地适应现代的发展。

具体到汉服现代化的发展方向，我认为可以有以下几种思路：

- 保留一定的传统汉服元素；
- 剪裁方式的多元化发展；
- 与服饰现代化的共识进行有机结合。

总而言之，不论是东方服饰还是西方服饰，它们现代化的历程都不算长，是否成功也有待时间检验。汉服当下的发展，不需要完全照搬西方服饰的现代化模式，也不必过分拘泥于传统，当务之急，是在继承传统汉服体系的基础上不断完善现代汉服时装设计体系，探索出一条属于汉服自己的现代化之路。

03/ 喜欢汉服，可以从事哪些相关工作？

面对未来的职业规划，很多年轻人都会有些迷茫。对于一些汉服同袍而言，自然希望从事与汉服相关的工作，然而当前各类院校尚未开设相应的专业，汉服行业也还没有建立起成熟的标准。如果想从事与汉服相关的工作，应该具备哪些能力，又有哪些职业路径可供选择呢？这篇文章就来聊一聊当前汉服这个行业中出现的各种职业。

汉服设计师

汉服设计师大多依托汉服商家，为其提供设计。当然，设计师自己也可发展为汉服商家，或成立一家独立的设计工作室。这类设计师大多根据传统的形制，研究不同的配色和纹样，实现汉服风格的多元化，或将汉服元素与时装结合。他们运用自己良好的设计功底为汉服在今日的发展做贡献。

汉服模特

很多汉服模特一开始并非汉服同袍，而是由古风模特或者Cosplay模特转型而来，所以在照片中往往还可以看出一些之前的影子。想成为汉服模特，“颜值高”是硬性条件，此外还要懂一些营销。作为MCN公司运作出来的“汉服网红”，前期投入略高，职业的生命周期也较为短暂。如果想要走得更远，还需要“内外兼修”，不断提高个人的涵养与气质，这样可以更加贴合品牌的调性，为品牌赋能。

汉服妆娘

汉服妆造场景日渐增多，让汉服妆造（包括汉服妆面、发型等）也成为了一种新兴的职业。对于入行新手来说，除了汉服妆造场景以外，一般也要具备其他场景的妆造能力，这样在初期可以保证一定的业务量。

汉服摄影师

汉服摄影师是目前行业中需求量比较大的一种职业，其中不少人都是从古风摄影转型而来。早期的汉服摄影以静态拍摄为主，近来随着短视频潮流的兴起，摄影师也需要掌握一定的短视频拍摄技巧，以满足职业发展的需要。

汉服簪娘 / 手工娘

汉服饰品多种多样，其中的精华在于发簪。汉服簪娘、手工娘大多不是饰品设计专业出身，往往是出于爱好、凭借文献资料去复原传统发簪，其中涉及一些非遗工艺，比如绒花、缠花等。这类职业对于个人的设计思维与审美素养要求较高，也需要有很强的动手能力。

汉服活动策划师

小到地方性社团活动，大到全国性集体活动，都离不开汉服活动策划师。他们策划的活动内容，大多围绕节日活动与展览展开。除了传统节日之外，也可以造节，比如汉服文化节、汉服出行节等。从未来的职业发展来看，汉服活动策划师可以承接一些政府组织的或商演中的大型汉服活动。

汉服婚礼策划师

传统文化复兴的大背景下，汉服婚庆也随之兴起，汉服婚礼策划师的角色尤为重要。他们不仅要对周礼有相当程度的了解，有时也要根据实际情况和客户需求调整、简化仪式。总之，这个职业可以给自己和他人都带来很强的幸福感。

汉服礼仪师

目前汉服礼仪师的数量相对较少，除去少数和剧组长期合作的专职礼仪师以外，大多数都是由汉服同袍里较为资深者兼职担任，偶尔参加活动教小朋友礼仪，或是去学校开礼仪讲座。礼仪开发是当前汉服相关行业中的一块“短板”，如果发展得好，未来的前景也很广阔。

汉服体验师 / 汉服商家

大多数汉服体验师都有自己的汉服体验馆或汉服服装店，依靠租赁、售卖汉服及相关道具，提供汉服衍生服务为生。其实并不建议大家一毕业就自己开店，因为成本比较大，对于综合能力的要求也比较高。如果真的有兴趣，也可以去汉服体验馆求职，了解、尝试一下。

总而言之，想要把对汉服的热爱转化为一项为之奋斗的事业，“入行”可以靠这篇文章，但“修行”更在于个人。

04 / 汉服行业未来 10 年会有怎样的变化?

当代汉服复兴已经走过了十几个年头。过去十几年，汉服的影响力如雨后春笋般，在大众心中以及各个行业间生根发芽，甚至让原来的“中国风”、茶服乃至布料行都向汉服的标准看齐。在过去，或许只有旗袍才能有这样的市场号召力。

下一个十年，汉服行业又会有怎样的发展？目前我们已经可以看到一些商业雏形，包括汉服及汉元素服饰产业、基于汉服文化兴起的汉服内容生产行业以及若干与汉服相关的节庆活动等。当然，目前对于汉服行业未来的许多判断主要还是基于过去以及当下的经验，汉服行业的发展也可能出现未曾设想的“奇点”。在此仅谈谈我个人对于汉服未来发展的一些浅见。

汉服与汉元素分流发展

汉服和汉元素将作为并行的服饰发展方向。传统汉服将以追求传统织造工艺、复原复刻为主线，为汉服服饰展览、历史研习、重大仪式穿着、影视戏剧考究所用，并作为一部分传统汉服爱好者DIY自由创作的参考。

汉元素则秉持更为开放的态度，以功能承接服务，以元素融入生活，与不同行业业态日常穿着所需的功能相结合，开发相应的汉元素服饰，例如校服、茶服、工装、制服等。

多种跨界元素也会与汉服进行有机融合，不仅局限于JK、洛丽塔等小众服饰文化元素，还有更多时装、家居、建筑设计元素可供汉服借鉴，如孟菲斯、蒸汽朋克、哥特等。另一方面，吸收汉服元素的家居、配饰、电子产品等也会大量出现。

此外，汉服设计也将具有更鲜明的地域化特色。不同地区的汉服结合当地的非遗工艺，发展出具有地方文化特色的汉服元素，比如与苏绣相结合的江南汉服、体现大花印花特色的东北汉服等，一起带动非遗工艺走向未来。

汉服文化搭乘互联网发展

目前互联网上已经存在许多汉服的独立论坛与网店。未来，随着汉服文化在互联网上的影响力不断扩大，也会涌现出各类专注于汉服的垂直电商平台及社交平台，百花齐放。

汉服内容生产方面，内容供应商将与MCN机构结合，形成成熟的、模式化的互联网内容供应链，培养汉服意见领袖、汉服带货人等，实现中心分发，百家齐鸣。

汉服推广下沉化

汉服将为传统节日与重大仪式提供服饰依据，越来越多的人会在这些场合穿着汉服，曾经被忽视的节日习俗与传统礼仪也将重新焕发魅力。

未来，社区也将成为汉服文化面向大众传播的有效单元。在社区内举办的与汉服相关的公益讲座以及各类活动，使得汉服的线下大规模推广成为可能。

汉服活动公关化

汉服社团将转型为汉服公关策划公司和组织，为企业和政府机构提供汉服演艺、节庆活动、文化包装等定制项目服务。这种商业模式目前已见雏形，但尚不成熟，主要是因为供应链不完善。未来汉服行业也会建立起4A供应链，为这种商业模式助力。

此外，与其他中华传统文化元素交融的汉服艺术形式也会出现，如书法汉服艺术、汉服瓷器艺术等。以地域特征为主的汉服活动也会层出不穷，不同地区都有自己的汉服节日。

汉服职业标准逐步确立

未来会有更多的汉服职业诞生，并会设立相应的职业资格考试和行业赛事，涵盖汉服裁缝、织染、文体设计、舞美、摄影等。这些证书和赛事，可以使有志于此的汉服从业者成为被行业认可的人才。

对于汉服行业的下一个十年，我满怀期待，希望汉服可以焕发出更耀眼的光彩。未来的“零零后”“一零后”也能成为这个产业的中坚力量。带着这篇文章，我们携手，一同迈向未来十年，下一个“盛唐”，以此为志，坚定不移。

后记：共迎汉服文化的潮流之光

此书的缘起也是巧妙。经济日报出版社的编辑王浩宇找到我，说要策划一本关于汉服的书籍，当时我正巧在尝试汉服的现代穿搭，所以就有了将汉服穿搭公式整理成书的想法。

我们的意见也是不谋而合。汉服流行至今，我们看到了不少汉服复原团队的努力，市场上也有越来越多专业的汉服书籍出版。但是，对于普罗大众而言，如何接受汉服，并在现代生活中更好地穿上汉服？我认为这是汉服发展到这个阶段亟待解决的问题。如果可以，我希望可以帮助更多人更好地穿上汉服，并让汉服真正融入我们的日常生活。

所以这本书所列举的穿搭元素中，不仅有汉服、汉元素，也有诸多时装元素。在我看来，如果不是在弘扬传统文化的特定场合，生活中就没有必要把中西方服饰元素截然分隔开来。这些原本就在我们生活中穿着的时装，也可以和汉服一起，共存于未来的穿搭中。

这是一本面向大众的汉服穿搭指南，内容包括在传统节日节气和日常生活的不同场合中搭配汉服的技巧，以及我对现代汉服生活的理解。各位读者既可以把它当做一本汉服穿搭的工具书来看，也可以当做一种新世代的国风文化生活解读。

感谢拍摄部分配图的美素僧，提供复原模块女装配图的海王星cielo，提供男装汉服配图的洞庭汉风蜻蜓，以及在这条路上携手相伴，一直支持汉服文化、共同进步的朋友们。希望如今的我们不负这个时代，共同迎来汉服文化的潮流之光。

周　圆

2022年8月